Wilhelm Kobelt

Archiv für Molluskenkunde

Wilhelm Kobelt

Archiv für Molluskenkunde

ISBN/EAN: 9783741167010

Hergestellt in Europa, USA, Kanada, Australien, Japan

Cover: Foto ©Andreas Hilbeck / pixelio.de

Manufactured and distributed by brebook publishing software (www.brebook.com)

Wilhelm Kobelt

Archiv für Molluskenkunde

Nachrichtsblatt

der Deutschen

Malakozoologischen Gesellschaft.

Vierzigster Jahrgang.

Redigiert
von
Dr. W. Kobelt
in
Schwanheim (Main).

FRANKFURT AM MAIN.
Verlag von MORITZ DIESTERWEG.
1908.

Inhalt.

	Seite
Clessin, S., die Molluskenfauna des Auswurfs der Donau bei Regensburg	1
Volz, Emil, die Verbreitung von Pomatias septemspiralis, Razoumowsky im Ober-Elsass	14
Boettger, Caesar R., die Molluskenfauna des Mains bei Frankfurt, einst und jetzt	17
Koehler, A., Beitrag zur Kenntnis der Mollusken des böhmischen Riesengebirges	25
Vohland, A., Uncinaria turgida (Zgl.) Rossm. in Deutschland	32
Kobelt, Dr. W., Diagnosen neuer Vivipara-Arten	35, 59, 161
Honigmann, H., Beiträge zur Kenntnis des Albinismus bei Schnecken	38
Gredler, P. Vincenz, ein letzter Gruss	40
Kobelt, Dr. W., zur Erforschung der Najadeenfauna des Rheingebietes (mit Karte)	42
Rolle, H., zur Fauna von West-Sumatra (mit Textfiguren)	63
Künkel, K., Vermehrung und Lebensdauer der Limnaea stagnalis Lin.	70
Merkel, E., eine gebänderte Limnaea	78
Volz, E., Beiträge zur Molluskenfauna des Ober-Elsass	80, 97
Geyer, D., über Flussanspülungen	82
Hilbert, Dr. R., die Molluskenfauna des Kreises Sensburg in Lebensgenossenschaften	110
Clessin, S., die Molluskenfauna des Rheinauswurfs bei Speyer	120
Schmalz, Prof. K., neue Pleurotomarien? (Mit Taf. 1—3)	127
Hesse, P., kritische Fragmente	131
Boettger, Prof. Dr. O., die fossilen Mollusken der Hydrobienkalke von Budenheim bei Mainz	145
Dall, W. H., zur Terminologie der Molluskensculptur	158
Kobelt, Dr. W., auch eine Lokalfauna	159
Rolle, H., ein neuer Odontostomus (bergi Bttg. & Rolle)	160
Vohland A., Streifzüge im östlichen Erzgebirge I.	163

Haas, Fritz, Neue und wenig bekannte Lokalformen unserer
Najadeen 174
— —, ein neuer fossiler Unio (kinkelini) . . . 177
Petrbok, J., Beitrag zur Kenntnis der Molluskenfauna von
Böhmen 178
Boettger, Caesar R., zur Fauna von Amboina (Molukken). Mit
2 Textfiguren 160
Kleinere Mitteilungen 41, 90, 185

Literatur . . 41, 91, 141, 186

Neubeschriebene Arten.

Amphidromus singalangensis
   Rolle 67
Charopa kobelti C. Bttg. . . 181
Chloritis pandjangensis Rolle 66
Cristallus rhenanus Cless. . 121
Ganesella boettgeri Rolle . . 65
Hydrobia wenzi O. Bttg. . . 155
Leucochroa emmerichi O.
   Bttg. 147
Leucochroopsis O. Bttg. . . 118
Macrochlamys fulvus Rolle . 64
Maltzania Hesse 140
Melania kobelti Rolle . . . 69
Pareuplecta prairieanu Rolle 64
Pelasgia Hesse 149
Planispira reinachae C. Bttg. 182
Pseudanodonta nicarica Haas 174
Pterocyclus baruensis Rolle . 68
Pupilla eumeces maxima O.
   Bttg. 150
Rhysota humphreisiana nya-
   sensis Rolle 7

Rivularia auriculata calcarata
   Kob. 37
bicarinata Kob. . . . 37
porcellana Mlldff. . . . 38
Unio hassiae Haas 175
Kinkelini Haas . . . 177
Vivipara annendalei Kob. . 161
boettgeri Mlldff. . . . 36
braueri Kob. 61
buluanensis boholensis
   Kob. 59
chinensis hainanensis
   Mlldff. 35
constantina Kob. . . . 60
deliensis Kob. 61
halophila Kob. 162
hilmendensis Kob. . . 161
hortulana Kob. . . . 62
kelantanensis Kob. . . 63
noetlingi Kob. 61
philippinensis laguuensis
   Kob. 59
rivularis Kob. 62
theobaldi Kob. . . - . 36

No. 1.   Januar 1908.

Nachrichtsblatt
der deutschen
Malacozoologischen Gesellschaft.

Vierzigster Jahrgang.

Das Nachrichtsblatt erscheint in vierteljährigen Heften.
Abonnementspreis: Mk. 6.—.
Frei durch die Post im In- und Ausland.

Briefe wissenschaftlichen Inhalts, wie Manuskripte u. s. w. gehen an die Redaktion: Herrn **Dr. W. Kobelt** in **Schwanheim bei Frankfurt a. M.**
Bestellungen, Zahlungen, Mitteilungen, Beitrittserklärungen u. s. w. an die Verlagsbuchhandlung des Herrn **Moritz Diesterweg** in **Frankfurt a. M.**
Ueber den Bezug der älteren Jahrgänge und der Jahrbücher siehe Anzeige am Schluss.

Mitteilungen aus dem Gebiete der Malacozoologie.

Die Molluskenfauna des Auswurfs der Donau bei Regensburg.
Von
S. Clessin.

Der von den Frühjahrs-Hochfluten nach der Schneeschmelze an den Ufern der Wasserläufe sich ablagernde Mulm, welcher aus Pflanzenteilen, als Zweigstücke, Blätter, Schilfrohr und Samen etc. besteht, dem aber auch Artefakte, namentlich Korkstöpsel nicht fehlen, enthält eine grosse Menge von leeren Molluskenschalen. Diese werden von den überfluteten Uferstrecken mitgenommen und schwimmend weitergeschleppt bis sie wieder von den Wellen ausgestossen und an der Grenze des Hochwassers abgelagert werden.

Die Conchylien werden oft auf weite Strecken transportiert und wenn auch manche Geschlechter, so insbesondere die Arten der Genera Unio und Anodonta, fast vollständig fehlen; weil sie am Grunde der Gewässer lebend, infolge ihrer Schwere, nur vom Wasser am Grunde weitergeschoben werden können, und deshalb nicht an den Ufern abgelagert werden, so sind die kleinen Landschnecken um so reicher vertreten. Selbst die kleinen Bivalven finden sich im Mulm nur vereinzelt in leeren geschlossenen Schalen, die schwimmend mitgeführt werden können.

Die Molluskenschalen des Auswurfes der Gewässer geben daher kein ganz vollständiges Bild der Fauna des betreffenden Flussgebietes, aber immerhin ist dasselbe gross genug, um beachtet zu werden.

In den Jahren 1905, 1906 und 1907 habe ich bei Regensburg an den Ufern der Donau etwa je 6 Kilometer ober- und unterhalb der Stadt folgende Arten gesammelt:

Gen. Limax Müll.

1. *Hydrolimax laevis* Müll. s. s.

Ein totes Exemplar. Nacktschnecken finden sich äusserst selten im ausgeworfenen Mulm, obwohl anzunehmen ist, dass sie von den überschwemmten Ufern mitgenommen werden. Wahrscheinlich werden sie noch lebend angeschwemmt.

Gen. Vitrina Drp.

2. *Vitrina pellucida* Müll. s.
3. „ *diaphana* Drap. s.

Von beiden Arten liegen mir frische, tadellose Gehäuse vor.

Gen. Patula Held.

4. *Patularia rotundata* Müll. n.
5. „ *ruderata* s. s.

Nur ein abgebleichtes Exemplar, das jedenfalls weit transportiert wurde und aus den Alpen stammen dürfte.

6. *Patularia pygmaea* Drap. h.
7. *Pyramidula rupestris* Drap. s. s.

Die Art lebt an den Jurafelsen der nächsten Umgebung.

Gen. Hyalina Fér.

8. *Polita cellaria* Müll. s.
Fast nur abgebleichte Stücke.
9. *Polita nitens* Mich. s.
10. *Euhyalina pura* Ald. s. s.
11. „ *radiatula* Gray. s. s.
12. „ *petronella* Charp. s. s.
13. *Vitrea crystallina* Müll. h. h. findet sich in grosser Menge fast durchaus in frischen Stücken.
var. *subterranea* Bourg. s.
14. *Conulus fulvus* Müll. h.

Gen. Zonitoides Lehm.

15. *Zonitoides nitidus* Müll. h. h.
Die grössten Stücke haben einen Durchmesser von 7 mm. Die ungemein zahlreichen Gehäuse sind sehr formbeständig.

Gen. Helix L.

16. *Acanthinula aculeata* Müll. s. s.
17. *Vallonia pulchella* Müll. h. h. Sie ist die am häufigsten vorkommende Art.
var. *excentrica* Sterki. Proc. Philadelphia 1893, p. 252, h. h.

Sterki hat diese kleine Schnecke als Art beschrieben, ich kann sie nur als eine kleine Form von pulchella anerkennen, da sie sich nur durch geringere Grösse, Durchmesser 2,2 mm, von ihr unterscheidet.

 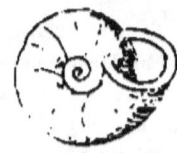

18. *Vallonia petricola* n. sp. s.
Gehäuse: klein, glatt, glänzend, von weisslicher Farbe, Umgänge 3, langsam zunehmend, der letzte gegen die Mün-

dung kaum erweitert, und wenig herabsteigend; Nabel lief, durch den letzten Umgang wenig erweitert. Mündung rundlich, Mundsaum verdickt. — Durchm. 2 mm, Höhe 0.8 mm.

Die Art ist noch etwas kleiner als die var. excentrica, unterscheidet sich aber von ihr und V. pulchella durch den gegen die Mündung fast gar nicht erweiterten letzten Umgang, sowie durch den wenig erweiterten Nabel. Sie lebt an den Jurafelsen des Donautales.

19. *Vallonia costata* Müll. h. h.

Die Art hat durchaus flacheres Gewinde als die vorstehenden Arten der Gruppe.

20. *Vallonia helvetica* Sterki Proc. Philad. 1893, p. 262, s.

Sterki hat diese Art als Varietät von V. costata beschrieben. Ich betrachte sie als selbständige Spezies, da sie die gerippte Form der V. petricola darstellt, und demnach zu dieser im selben Verhältnis steht, wie V. costata zu pulchella.

21. *Vallonia adela* Westerlund 1886.

    "   " Geyer Jahresh. vaterl. Naturkunde in Württemberg 63. Jahrg., p. 420.

    "   *declivis* Sterki. Proc. Philad. 1893, p. 257.

    "   " Tryon, Man.Conch. 1.32, fig. 10-13.

Helix tenuilabris Clessin, vom Pleistozän zur Gegenwart in Corresp. min.-zoolog. Ver. Regensburg 1877, p. 99.

Ich habe diese Art im Jahre 1876 im Auswurf der Donau gefunden und für Helix tenuilabris gehalten, weil sie wie diese einen nicht verdickten Mundsaum hatte, Westerlund hat dieselbe nach von mir mitgeteilten Exemplaren für seine Vall. adela erklärt und Sterki hat sie nach von mir ihm gesandten Stücken 1893 als Vallonia declivis beschrieben. Da der Westerlund'sche Name der ältere ist, hat sie diesen zu führen. Es liegen mir ca. 40 Stücke vor, darunter welche, die noch sehr frisch erscheinen, so dass anzunehmen, dass Vall. adela ausser bei Urach in Württemberg auch im Jurazug nördlich der Donau in Bayern lebend sich aufhält.

22. *Trigonostoma obsoluta* Drap. s. s.
23. *Triodopsis personata* Lam. s. s.
24. *Trochiscus unidentatus* Drap. s. s.

Stark verwitterte Exemplare, die auf weiteren Transport schliessen lassen.

25. *Trochiscus edentula* Drap. s. s.
26. *Trichia sericea* Drap. h.

Grosse frische Stücke bis 7 mm. Durchmesser. Die Art lebt reichlich in den Donau-auen. 2 Albinos.

27. *Trichia rubiginosa* Zgl. h. h.

Weit zahlreicher als die vorige.

28. *Trichia hispida* L. h. h.

Die Art ist sehr variabel an Grösse, Gewindehöhe und Weite des Nabels.

var. *nana* Jeffr. h.

Gehäuse klein, sehr gedrücktes Gewinde, enger, fast stichförmiger Nabel, der nur durch den letzten Umgang ein wenig erweitert wird. Durchmesser 5—6 mm.

var. *nebulata* Mke. h.

Gehäuse etwas grösser, gedrücktes Gewinde, Nabel etwas weiter. Durchmesser 7,5 mm.

var. *conica* Jeffr. s.

Gehäuse grösser, Gewinde mehr erhoben, Nabel weiter, perspektivisch. Durchm. 9 mm.

var. *concinna* Jeffr. h.

Gehäuse mit gedrücktem Gewinde und durch den letzten Umgang sehr erweitertem Nabel. Durchm. 7,5 mm.

29. *Trichia rufescens* Penn. h.

Die Art unterscheidet sich von den nahestehenden Arten durch die Kielanlage des letzten Umganges.

var. *danubialis* Cless. h.

Gehäuse kleiner, Nabel enger, Gewinde etwas mehr erhoben. Durchm. 11 mm.

var. *media* m.

Gehäuse grösser, sehr starkschalig und sehr stark gestreift, Gewinde erhöht, Nabel durch den letzten Umgang wenig erweitert. Durchm. 13 mm.

var. *diluviana* m.

Gehäuse grösser, gedrücktes Gewinde, Nabel durch den Umgang sehr erweitert. Durchm. 15 mm.

30. *Trichia coelata* Stud. h.

Durch kaum erhobenes Gewinde und weit geöffneten Nabel ausgezeichnet.

31. *Trichia villosa* Drap. s.

Die Art findet sich lebend in den Donauauen zwischen Ulm und Dillingen; meist stark verwitterte Exemplare.

32. *Trichia umbrosa* Partsch. s. s.

Nur 1 Exemplar.

33. *Monacha strigella* Drap. s.

34. „   *fruticum* L. h. h.

Gehäuse von weisslicher, gelblicher und röthlicher Färbung. Unter zahlreichen Stücken nur 2 mit einem rotbraunen Bande. Durchm. 16—20 mm.

35. *Monacha incarnata* Müll. h. h.

Gehäuse von 10.5—15 mm. Durchm.

36. *Chilotrema lapicida* B. s.

37. *Arionta arbustorum* L. h. h.

var. *trochoidalis* Roff. h.

Die Art kommt in allen Färbungen von fast reinem Gelb bis Dunkelbraun vor. Die hellen gelben Gehäuse entbehren gewöhnlich des dunkelbraunen Bandes, das bei den dunklen gefärbten Gehäusen mehr oder weniger breit und mehr oder weniger deutlich erscheint. Flache Gehäuse fehlen. Das Gewinde ist durchaus höher als z. B. bei Stücken des Rheinauswurfes bei Speyer.

var. *alpicola* Fer.

Nicht selten sind abnorme Gehäuse, die durch reparierte Schalendefekte verkrüppelt wurden. Ich habe ein genabeltes und ein am letzten Umgang carinirtes Exemplar.

38. *Xerophila ericetorum* Müll.
Gehäuse von 11—17 mm Durchm.

39. *Xerophila candicans* Zgl. s.
Bänderung sehr verschieden.

40. *Tachea hortensis* Müll. h.
Gehäuse von gelber Farbe kommen am häufigsten vor. Ausser diesen finden sich solche mit rötlichem Wirbel und von hell- und fast dunkelbrauner Farbe, auch graugelbliche bis zu braun-grauer Farbe kommen vor. Die letzteren Färbungen haben nur kleinere Gehäuse bis 16 mm Durchm. — Die gebänderten Gehäuse betragen nur ¹/₃ aller Stücke, — Von Gehäusen mit ausgebliebenen Bändern fand ich nur eines (00300). Auch mit zusammenfliessenden Bändern kommen nur wenige vor, und wenn, nur in Formel $1\widehat{2}345$ nur 1 Stück mit $123\widehat{45}$, dagegen sammelte ich ein Gehäuse mit geteiltem Band 2 und eines mit einem Ueberband zu Band 4. Das Verhalten der Bänderung bei Exemplaren aus dem Rheinauswurf bei Speyer und dem Isarauswurf bei München ist ein wesentlich verschiedenes. Die Fundstellen der Art in der nächsten Umgebung Regensburg haben nur bänderlose oder 5 bänderige Gehäuse.

41. *Tachea nemoralis* L. s. s.
Nur ein stark verwittertes Stück, das jedenfalls von weiter hergeschleppt wurde, da die Art in der nächsten Umgebung fehlt.

42. *Helicogena pomatia* s. s.
Die Exemplare haben mittlere Grösse.

Gen. Buliminus Ehrenb.

43. *Zebrina detrita* Müll. s.
Die Art lebt an den Jurabergen der Umgebung.

44. *Napaeus montanus* Drap. s.
45. *Chondrula tridens* Müll. h.
In verschiedenen Grössen von 8—13 mm Höhe.

Gen. Cochlicopa Risso.

46. *Zua lubrica* Müll. h. h.
Neben der Vallonien und Ar. arbustorum die am häufigsten vorkommende Art; sehr formveränderlich.

v. *exigua* Menke (minima Siem.) h.
Gehäuse klein, nur 4 mm Höhe und 1.4 mm Durchm. Diese Zwergform lebt an den trockenen Felsen des Jurazuges.

var. nov. *curta* m. s.
Gehäuse kurz, mit breiter Gehäusebasis; der letzte Umgang nimmt nur ⅓ der Gehäuselänge ein.
Höhe 5 mm, Durchm. 2,3 mm.

var. *columella* Cless. s.
Lebt gleichfalls an den Jurafelsen.

var. nov. *maxima* m. h.
Grosse Gehäuse bis zu 7,5 mm Höhe.

Gen. Caecilianella Bourg.

47. *Caecilianella acicula* L. h.

Gen. Clausilia Drap.

48. *Clausiliastra laminata* Montl. s.
49. *Alinda biplicata* Montl. h.
var. *forsteriana* Cless.
Gehäuse kleiner. Lebt in den Ritzen und Spalten der Jurafelsen.

50. *Strigillaria cana* Held. s. s.
Nur 1 Exemplar.

51. *Kusnicia dubia* Drap. s. s.
Nur 1 Stück.

52. *Kusmicia parvula* Drap. s.
Unter vielen normalen ein verkehrt gewundenes Exemplar.

53. *Pirostoma ventricosa* Drap. s.
54. „ *plicatula* Drap. s.

Gen. Pupa Drap.

55. *Torquilla frumentum* L. h.
An den Jurafelsen des Donautales sehr zahlreich lebend.
56. *Torquilla avenacea* Brug. s. s.
Die Art hat dieselben Wohnorte wie die vorige.
57. *Torquilla secale* Drap. s. s.
Nur 1 Stück, trotzdem die Spezies an den Felsen des Donautales bei Kelheim sich angesiedelt hat.
58. *Pupilla muscorum* L. h. h.
var. *elongata* Cless. s.
59. *Pupilla Sterri v. Voith* s. s.
Die Art bewohnt die Jurafelsen des Donautales, hält sich also an trockenen Standorten auf, während die vorige mehr feuchte Orte liebt.
60. *Isthmia minutissima* L. h.
61. *Edentulina edentula* L. s. s.
Nur einige unvollendete Stücke.
62. *Vertigo Heldii* Cless. s. s.
Nur ein Exemplar. Geyer hat die Arten im Auswurf mehrerer Flüssen Württembergs gefunden. Württemberg'sche Jahreshefte 1907.
63. *Vertigo antivertigo* Drap. s. s.
64. „   *substriata* Jeff. s. s.
65. „   *pygmaea* Drap. h. h.
66. *Vertilla pusilla* Müll. s. s.
67. „   *angustior* Jeffr. s. s.
Es ist auffallend, dass die auf nassem, moorigem Boden lebenden Arten sich so selten im Auswurfe finden.

Gen. Succinea Drap.

68. *Neritostoma putris* L. h.
var. *limnoides* Pic. h.
Diese Varietät hat die meisten Vertreter.
var. *Charpyi* Baud. s. s.
Nur wenige Stücke.

69. *Amphibina Pfeifferi* Rossm. s.
70. *Lucena oblonga* Drp. s.
var. *elongata* Cless. s. s.
Gehäuse meist von roter Farbe.

Gen. Carychium Müll.
71. *Carychium minimum* Müll h. h.

Gen. Acme Hartm.
72. *Acme polita* Hartm. s. s.
Nur ein defectes Stück.

Gen. Pomatias Stud.
73. *Pomatias septemspiralis* Raz. s.
Die Art lebt an den Jurafelsen bei Kelheim am Eingange in die Weltenburger Schlucht.

Gen. Limnaea Lam.
74. *Limnus stagnalis* L. s. s.
Nur in der Form der var. vulgaris West., kleine Gehäuse mit 4 Umgangsgewinden fanden sich wenig häufiger.
75. *Gulnaria auricularia* L. s. s.
Nur ein ganz junges Exemplar.
76. *Gulnaria ovata* Dop. s. s.
77. *Limnophysa palustris* Müll. s. s.
Nur sehr junge Gehäuse.
Diese Limnaeaarten leben in grosser Anzahl in den zahlreichen Altwassern der Donau; es ist daher eine auffallende Erscheinung, dass selbe so spärlich im Auswurfe vertreten sind, während die kleinste Limnaea, sowie die Planorbis-Arten so zahlreich vorkommen.
78. *Limnophysa truncatula* L. h. h.
Zuweilen sehr grosse Gehäuse.
var. *turrita* Cless. s.

Gen. Aplexa Flem.
79. *Aplexa hypnorum* L. s. s.

Gen. Planorbis Guett.
80. *Tropodiscus marginatus* Drap. h.

var. *submarginatus* s.
Nur wenige Stücke.
81. *Tropodiscus carinatus* Müll. h. doch nicht so häufig wie die vorige.
82. *Gyrorbis vortex* L. h. h.
Der am häufigsten gesammelte Planorbis; nur in der var. *compressus* Mich.
83. *Gyrorbis rotundatus* Poir. h. h. doch weniger häufig als die vorige; nur wenige Stücke erreichen einen Durchmesser von 11,5 mm.
84. *Gyrorbis spirorbis* L. s. s.
85.   „   *charteus* Held. s. s.
86. *Bathyomphalus contortus* L. h. h.
Die grössten Stücke haben 10 mm Durchmesser.
87. *Gyraulus albus* Müll. h.
88.   „   *limophilus* West. s. s. nur 1 Stück.
89.   „   *cristatus* L. s. s.
Nur in var. *nautileus* L.
90. *Segmentina nitida* Müll. s. s.
91. *Hippeutis complanatus* L. s. s.

Gen. Vivipara Frauf.
92. *Vivipara cera* Frauf. s. s.

Gen. Bythinia Gray.
93. *Bythinia tentaculata* L. h.
var. *producta* Colb. s. s. nur 1 Stück.

Gen. Valvata Müll.
94. *Cincinna piscinalis.* Müll. s. s.
95.   „   *naticina* Menke. s.
96. *Tropidina depressa* C. Pfr. s. s.
97. *Gyrorbis cristata* L. h.

Gen. Lithoplyphus Mühlf.
98. *Lithoglyphus naticoides* Fa. s. s.

Gen. Neritina Lam.
99. *Neritina danubialis* Zgh. s. s.
100.   „   *transversalis* Zglr. s. s.

Beide Arten und Lithoglyphus naticoides kommen in den alluvialen Ablagerungen der unteren Terrasse des Donautales viel häufiger vor, als im recenten Auswurf.

Gen. Unio Phil.

101. *Unio batavus* Lam. s. s.
102. „ *pictorum* L. s. s.

Beide Arten finden sich reichlich in den Abschnitten zur Regulierung des Flusslaufes.

Gen. Sphaerium Scop.

103. *Sphaerium corneum* L. s. s.

Gen. Pisidium C. Pfr.

104. *Pisidium amnicum* Müll. s. s.
105. „ *supinum* A. Schm. s. s.
106. „ *henslowianum* Schepp. s. s.
107. „ *fossarinum* Cless. s. s.
108. „ *pallidum* Jeffr. s s.

Ausser diesen Arten hat Forster (in A. E. Fürnrohr Naturhist. Topographie von Regensburg Bd. III, pag. 461) im Jahre 1840 noch folgende Spezies im Geniste der Donau gesammelt, welche mir nicht in die Hände fielen.

Carychium (Acme) lineatum.
Clausilia plicata.
Helix bidentata.
Paludina vitrea (Vitrella sp.)

Auch Oberdorfer hat 1876 im Geniste bei Günzburg gefunden.

Acme lineata.
Buliminus obscurus.
Helix bidentata.

Schlussbemerkung.

Die meisten Arten werden wohl nur auf kurze Strecken mitgeschleppt; immerhin finden sich aber auch welche, die weither kommen. — Pomatias septemspiralis lebt an den

Jurafelsen bei Kelheim und wurde demnach auf 30 Kilom. fortgeschleppt. Helix villosa und danubialis finden sich lebend in den Donauauen zwischen Dillingen und Günzburg und werden daher deren Gehäuse auf eine Strecke von über 100 Kilom. transportiert. Helix unidentata und edentula, sowie Patula ruderata stammen wahrscheinlich aus den Alpen. Von Helix (Vallonia) adela ist der Ort, an dem sie in Bayern lebt, zur Zeit nicht bekannt; sollte sie aus der schwäbischen Alp bei Urach stammen? Sie findet sich auch fossil in alluvialen Ablagerungen der Donau.

Nach der grossen Zahl der Arten und deren Formvariationen, welche sich im Geniste unserer grösseren Flüsse finden, ist es gewiss eine dankbare Aufgabe, die Conchylien, die demselben beigemischt sind, zu sammeln. Es werden sich beim Vergleiche derselben mit jenen anderen Flüssen sicher interessante Tatsachen ergeben. Es liegt mir leider noch zu wenig Material aus dem Auswurf des Rheines und der Isar vor, um umfassendere Vergleiche anzustellen, aber trotzdem könnte ich jetzt schon eine Anzahl von Arten, die in ihren Formänderungen von jenen der Donau differieren aufzählen. So ist z. B. Helix arbustorum im Rheinauswurf nur mit wenig erhöhtem, fast an var. depressa streifenden Gewinde vertreten, während dieselbe Art im Donauauswurf durchaus ein weit höheres Gewinde hat und die var. trochoidalis die vorherrschende ist. Ebenso ergeben sich bezüglich der Variationen von Zua lubrica nicht unbedeutende Unterschiede.

Ich möchte daher alle Sammler auf die reiche Ernte aus dem Geniste der Flüsse, die mühlos einzuheimsen ist, aufmerksam machen.

Die Verbreitung von Pomatias septemspiralis, Razoumovsky im Ober-Elsass.

Von
Emil Volz.

Mit dem ersten Zuge morgens fuhr ich von Mühlhausen ab ins schöne Pirter Land. Das Wetter war bei der Abfahrt das gerade Gegenteil von schön, bei meiner Ankunft in Pirt um 8 Uhr, lag auf den umliegenden Höhen sogar Schnee der in der Nacht gefallen war. Ich liess mich aber nicht abhalten, und nach einer kleinen Erfrischung im Hôtel „New-York" machte ich mich auf den Weg nach dem Schlosse Pirt.

Hier zuerst eine kleine Beschreibung der herrlichen Lage Pirts. In einem Winkel des Ober-Elsass, an den Grenzen Helvetiens und unweit der Quellen der Ill erhebt sich die von ihrer alten Burg beherrschte Stadt Pirt. Die Stadt liegt 550 Meter über dem Meere inmitten prachtvoller Laub- und Tannenwaldungen.

Von all den grossen Erinnerungen die sich an die Geschichte des Grafen von Pirt knüpfen, bleibt nur noch der Name und eine Ruine.

Doch neben dem historischen Zauber, der auf diesem bis heute unbemerkten Punkte des Elsasses schwebt, besteht noch der Zauber der die Einbildung erregenden Natur, die Poesie der Landschaft, welche ihren Reiz den höheren Regionen entnimmt, wo das Auge überall einen Reflex des alpinischen Wesens verrät, als Hintergrund des Bildes wovon Pirt den Vorderplan einnimmt.

Ich bestieg zuerst die Terrasse der Burg. Von hier aus hat man eine schöne Aussicht auf das unendliche Panorama, das sich vor unseren Augen entrollt. Vor mir liegen die Vogesen, deren Ausläufer sich im Unter-Elsass in blauer Ferne schleierhaft verlieren. Rechts der Vater Rhein und der Schwarzwald, links die letzten sich in der Richtung nach Belfort verlierenden Nebenketten der Vogesen.

Die durchbrechende Sonne mahnte mich daran, dass ich zu etwas Ernsterem hier war, als nur die Naturschönheiten zu bewundern. Nach kurzem Frühstück aus meinem Rucksack ging ich daran, den Schlossberg und die Umgebung nach Conchylien abzusuchen. Da es den Tag vorher geregnet hatte, und alles noch sehr feucht war, so war die Ausbeute sehr gut. Ueber die Funde werde ich, wenn genau bestimmt, im „Nachrichtsblatt" berichten. Ich will jetzt nur die näheren Fundorte von „Pomatias septemspiralis" festlegen.

Diese Schnecke fand ich am Fusse der Ruinen und auf dem ganzen Schlossberge. Wenn sie auch nicht massenhaft auftritt, so ist sie doch allgemein verbreitet.

Nachdem ich mich genügend mit Vorrat versehen hatte, machte ich mich auf den Weg nach der Hardwibleschlucht, ich traf hier auf dieselben Verhältnisse wie am Schlossberg.

Nach Besichtigung des Hardwiblefelsen, ein gewaltiger senkrechter Block, ging ich wieder über den Felsrücken des Junkerwaldfelsens hinunter zum Schlossberg.

Mittlerweile war es 11 Uhr geworden und für mich die höchste Zeit, wenn ich die mir vorgenommene Tour zurücklegen wollte.

Ich richtete meine Schritte nach dem 12 km von Pirt entfernten Schlosse Morimont (Mörsberg), woselbst ich um 2 Uhr ankam. Nach kräftigem Imbiss und 1½stündiger Ruhpause begab ich mich wieder ans Sammeln. Auf dem Wege nach diesem Schlosse ist mir folgendes aufgefallen:

Der Strasse entlang bis nach Winkel, 6 km von Pirt, stehen Buchen- und Tannenwälder, abwechselnd unterbrochen von Wiesen und Feldern. Im Mulm dieser Wälder fand ich Pomatias septemspirale allgemein verbreitet. Ich suchte meistens die linke Seite der Strasse ab, als ich zufällig einmal auf die rechte Seite hinüber ging, wo die Felder und Wiesen bis an die Strasse reichen, fand ich auch nicht eine einzige dieser Schnecken, trotzdem die Bodenverhältnisse absolut dieselben sind. Etwa 800 Meter weiter gegen Oberlurg, als Buchenwald wieder bis an die Strasse herantrat, fand ich sie in Mulm und unter Steinen wieder vor.

Die Ruinen der Burg Morimont befinden sich zwischen Oberlurg und Luffendorf, an der Grenze der beiden Sprachen, auf dem Rücken eines nicht hohen jedoch beinahe allerseits unzugänglichen Hügels.

Man gewahrt weite, mit Gräben umgebene Umschliessungsmauern; nur am südlichen Teil, wo der steile Abhang des Felsens es überflüssig macht, fehlt der Graben.

Die Burg war von sieben Türmen überragt, welche mit Schiessarten, je einer Plattform und mit Brustwehren versehen waren. Nachdem ich vom Pächter des dabei liegenden Pachthofes den Schlüssel (ein riesiges Stück) erhalten hatte, besichtigte ich auch das Innere der Burg.

Auf der nördlichen Seite, über dem Keller, befand sich die Herrschafts-Wohnung mit ihren geräumigen Gemächern, grossen Sälen, Küche und Speisekammer. Ein tief in den Fels gehauener Brunnen an der linken Seite des Baues spendet das unentbehrliche Nass.

Die Ausbeute bei diesem Schlosse war sehr gut, ich traf Pomatias septemspiralis massenhaft an.

Es sei hier festgestellt:

1) Dass Pomatias septemspiralis in dieser Gegend allgemein im Mulm, unter Steinen und an Felsen der anstehenden Wälder zu finden ist.

2) Der Hauptfundort ist im Elsass nicht Pirt sondern das 12 km davon entfernte Schloss Morimont, zwischen Oberlurg und Luffendorf. Die Schnecke war hier nicht nur allgemein sondern massenhaft verbreitet.

Die Molluskenfauna des Mains bei Frankfurt, einst und jetzt.

Von

Caesar R. Boettger, Frankfurt a. M.

In den Jahren 1884—86 wurde der Main bei Frankfurt kanalisiert. Es ist klar, dass die Lebensbedingungen für die Fauna dadurch plötzlich stark verändert wurden. Das Wasserniveau wurde erhöht, und die seichten Ufer verschwanden grösstenteils. Dazu kam als ein zweiter Faktor die Verschlechterung des Wassers selbst: Abwässer aus chemischen Fabriken und ähnlichen Anlagen wurden in Menge in den Main geleitet, sodass dieser jetzt schmutzig und voller Unrat dahinfliesst. Tiere, die sich den veränderten Verhältnissen nicht anpassen konnten, mussten untergehen, andere widerstandsfähigere konnten bestehen. Hier wollen wir die Molluskenfauna des Mains zwischen den beiden oberhalb und unterhalb Frankfurts angebrachten Wehren betrachten. Als Grundlage der Molluskenfauna vor der Kanalisierung wähle ich diejenige, die Prof. Dr. Kobelt 1870 in seinem Buche „Fauna der Nassauischen Mollusken" gibt.

Limnaea (Gulnaria) auricularia L.

Früher war das Tier in den Formen *ampla* Hartm. und *monnardi* Hartm. (*ampla* häufiger als *monnardi*) sehr häufig in den schlammigen Buchten des Mains. Die Schnecken krochen träge an Steinen und im Schlamme, seltener an Wasserpflanzen. Auch jetzt ist das Tier besonders in der Form *ampla* (*monnardi* seltener) noch sehr gemein. Da die schlammigen Buchten verschwunden sind, lebt das Tier am Ufer sowie mitten im Flusse, teilweise sogar an den reissendsten Stellen. Die ausgewachsenen Stücke sitzen hauptsächlich auf Holz, z. B. an den Badeanstalten und den stillliegenden Flossen. Die jungen Exemplare findet man besonders an den Steinen, die am seichteren Ufer liegen und an denen auch der Laich dieser Schnecke häufig angeheftet ist. *Limnaea ovata Drap.* kommt als hauptsächlich in Gräben und Teichen lebend für uns wenig in Betracht. Kobelt hat die Varietät *obtusa Kob.* in einem Maintümpel am roten Hamm unterhalb Frankfurt gefunden. Doch kam sie nicht im Flusse selbst vor, auch nicht in dem von uns behandelnden Gebiete; kommt für uns also nicht in Betracht. Uebrigens habe ich *Limnaea ovata* jetzt nie in der Nähe des Maines beobachtet.

Limnaea (Limnus) stagnalis L.

Diese sich fast ausschliesslich in stehenden oder sehr schwach fliessenden Gewässern aufhaltende Schnecke lebte früher ausnahmsweise in den Altwassern und sehr ruhigen Buchten des Mains. Seitdem aber dem Tiere seine Lebensbedingungen genommen sind, ist es verschwunden.

Physa fontinalis L.

Das Tier kam als hauptsächlich den Sumpf liebende Schnecke früher nicht selten in den ruhigen Buchten des Mains vor. Sie hat sich ihrem veränderten Aufenthalte angepasst und kommt jetzt ziemlich häufig im Main auf Steinen vor, liebt allerdings besonders die seichten Ufer, z. B. vor der Gerbermühle an dem Wehr.

Planorbis (Coretus) corneus L.

Früher lebte diese Sumpfschnecke in den durch Uferbauten vom Flusse abgetrennten Tümpeln und in den ruhigsten Buchten. Jetzt findet man sie wie *Limnaea stagnalis L.*, mit der sie gewöhnlich zusammen vorkommt, nicht mehr im Main.

Planorbis (Gyraulus) albus Müll.

Diese Schnecke lebte früher einzeln in totem Wasser des Mains. Jetzt hat sie sich wie *Physa fontinalis L.* den neuen Lebensbedingungen angepasst und findet sich überall sehr häufig, besonders an Steinen.

Planorbis (Bathymphalus) contortus L.

Früher kam das Tier in Altwassern und stillsten Buchten vor. Jetzt ist es wie diese verschwunden.

Planorbis (Hippeutis) complanatus L.

Früher lebte diese Schnecke nicht im Main bei Frankfurt. Im Jahre 1886 schreibt Kobelt im ersten Nachtrag zu seinem oben erwähnten Buche, dass Flach sie selten in kleinen Stücken im Main bei Aschaffenburg gefangen hat. Seit einigen Jahren habe ich mehrere ziemlich kräftige Exemplare dieser Sumpfschnecke an Steinen im Main bei Frankfurt gefunden, die Strömung des Flusses scheint ihr nicht unangenehm zu sein.

Ancylus (Ancylastrum) fluviatilis Müll.

Früher war das Tier gemein. Jetzt ist diese echte Flussschnecke jedoch sehr selten geworden. Man findet sie fast ausschliesslich an Steinen. Sie hat wahrscheinlich der Verschlechterung des Wassers nicht standhalten können.

Ancylus (Acroloxus) lacustris L.

Diese nur in stehendem Wasser vorkommende Art lebte früher in den Altwassern des Mains. Jetzt ist sie natürlich verschwunden.

Vivipara fasciata Müll.

Früher lebte diese Schnecke nicht im Main. In den Jahren 1903 und 1904 fand ich nun je ein totes, sehr gut erhaltenes Exemplar (vergl. „Nachrichtsblatt der deutschen Malacozoologischen Gesellschaft", Heft I, 1907, pag. 9—11). Bis jetzt habe ich noch kein hiesiges lebendiges Exemplar gesehen. Oft findet man Schalen dieser Schnecke im Sande am Main. Dieser Sand stammt jedoch aus dem Rhein. Man könnte annehmen, dass Exemplare aus dem Rheinsande in den Main gefallen und dann mit dem Mainsande wiederheraufbefördert wären. Dazu sind jedoch meine Stücke viel zu gut erhalten. Vielleicht könnte man auch denken, dass die Tiere ausgesetzt seien. Dann hätte ich aber die Schnecken nicht in einem Zeitunterschiede von einem Jahre gefunden. Auffallend ist das Vordringen dieser Flussschnecke immerhin.

Bithynia tentaculata L.

Früher war das Tier gemein nur in den Teilen des Mains, die nicht direkt der starken Strömung ausgesetzt waren. Jetzt ist es das gewöhnlichste Weichtier des Mains, selbst an den Stellen mit der stärksten Strömung. Im Jahre 1903 fand ich eine Scalaridenform.

Valvata (Cincinna) piscinalis Müll.

Die Schnecke kam früher selten in schlammigen Buchten des Mains vor. Jetzt ist sie ziemlich häufig. Sie lebt hauptsächlich an den Steinen des seichten Ufers, kommt jedoch auch manchmal mitten im Flusse vor.

Valvata (Tropidina) cristata Müll.

Dieses den Sumpf liebende Tier lebte früher in den schlammigen Buchten des Mains. Jetzt ist sie verschwunden, da ihr der Aufenthaltsort genommen wurde.

Neritina fluviatilis L.

Früher war die Schnecke überall häufig. Jetzt habe ich nie ein lebendiges Exemplar aus dem behandelten Gebiete gesehen, obwohl tote, abgeriebene Schalen noch heute beweisen, dass das Tier einst häufig war. Es hat wahrscheinlich der Veränderung des Wassers weichen müssen.

Anodonta piscinalis Nils.

Die Muschel war früher sehr gewöhnlich. Auch jetzt ist sie noch sehr häufig, wenn ihre Zahl auch etwas abgenommen hat. Man findet sie besonders in allen Grössen vor dem Wehr an der Gerbermühle.

Anodonta cygnea L.

Kobelt schreibt: „Von Herrn Dickin erhielt ich eine interessante, wohl hierher gehörige Form mit dem Beifügen, dass er niemals eine ähnliche im Main wieder gefunden habe, und kurz nachher fand ich ein gleiches Exemplar. Es gleicht diese Form in ihren Umrissen ganz der *Anodonta cygnea*, ist aber kaum halb so gross und dickschalig. Sie macht mir den Eindruck einer *cygnea*, die schon jung aus ihrem Wohnsitz in den Main verschlagen worden und dort verkümmert ist und die habituellen Charaktere der Mainmuscheln angenommen hat". Ich habe im Main bei Frankfurt kein Stück dieser Art gefunden. Im Jahre 1905 erhielt ich aus Schweinfurt am Main ein Exemplar, auf das die obenstehende Beschreibung durchaus passt. Wenn auch neuerdings kein Exemplar aus dem Main bei Frankfurt gefunden worden ist, so müssen wir doch immerhin *Anodonta cygnea* als einen seltenen Gast unseres Gebietes betrachten.

Unio tumidus Retz., pictorum L. und batavus Lam.

Früher belebten die drei Arten unseren Fluss in den dem Main eigentümlichen Formen mit sehr fester Schale. *Unio batavus* war nicht sehr häufig, dagegen fanden sich die beiden anderen Arten in solchen Mengen, dass sie zur Schweinemast verwandt wurden. Den veränderten Verhältnissen, besonders dem hohen Wasserstand und den chemischen Verunreinigungen des Flusses haben die Tiere jedoch nicht widerstehen können. Wir dürfen daher keinen *Unio* mehr als ständigen Vertreter unserer Fauna betrachten, obwohl sie in der ganzen Stadt noch jeder unter dem Namen „Mainmuschel" kennt. Tote Exemplare der früheren Form findet man noch häufig im Mainsande. Im Frühjahr werden bei Hochflut, wenn die Wehre geöffnet sind, manches Jahr Unmengen von Muscheln aus dem oberen Main und seinen Nebenflüssen in den unteren Main geschwemmt. Man findet hierunter oft sehr auffallende Formen. Leicht erklärlich ist daher, dass fast jedes Jahr die Unionenfauna wechselt (vergl. „Nachrichtsblatt der deutschen Malacozoologischen Gesellschaft", Heft 1, 1907, pag. 13—14). Alle diese Muscheln leben einige Monate in unserem Gebiete, dann sterben sie ab. Man findet fast nur grosse Stücke, junge habe ich kaum gefunden, während man die im Main sich fortpflanzende *Anodonta piscinalis Nilss.* in allen Altersstadien findet.

Sphaerium (Sphaeriastrum) rivicola Lam.

Diese Musschel war früher im Main sehr gewöhnlich. Jetzt habe ich zwischen den beiden Wehren keine lebendigen Exemplare mehr gefunden. Sehr gut erhaltene Schalen findet man dagegen häufiger, besonders im Frühjahr. Ich halte sie daher wie die Unionen für einen Gast in dem behandelten Gebiete.

Sphaerium (Corneola) corneum L.

Früher war diese Art sehr gemein. Auch jetzt gehört sie zu den häufigsten Erscheinungen unserer Mainfauna.

Sphaerium (Cyrenastrum) solidum Norm.

Diese Art ist lebend noch nicht im Main bei Frankfurt beobachtet worden. Man findet aber tote Gehäuse manchmal so gut erhalten, dass man sie wohl als Gast unserer Fauna ansehen darf, denn oberhalb sowie unterhalb Frankfurts ist sie lebend gefunden worden. Vor der Kanalisierung unseres Gebietes war sie nach meiner Ansicht auch im Main bei Frankfurt heimisch.

Pisidium (Rivulina) supinum A. Sohm.

Auch diese Muschel ist bis jetzt nur in toten Gehäusen gefunden worden. Aus demselben Grunde wie *Sphaerium solidum Norm.* möchte ich sie als Gast unserer Fauna ansprechen. Auch sie halte ich für einen ständigen Bewohner des Maines bei Frankfurt vor seiner Kanalisierung.

Pisidium (Fossarina) obtusale C. Pfr.

Diese Muschel lebte früher in den schlammigen Buchten des Mains. Jetzt ist sie nur ein seltener Gast.

Dreissensia polymorpha Pallas.

Im Jahre 1855 wurde dieses Tier zuerst im Main beobachtet. Man fand sie stellenweise recht häufig. Auch die Kanalisierung des Mains hat sie gut überdauert. In den letzten Jahren jedoch ist sie aus dem Main bei Frankfurt verschwunden. Wahrscheinlich hat die immermehr zunehmende Verunreinigung des Wassers die Muschel verdrängt.

Vor der Kanalisierung fand man also im Main bei Frankfurt folgende 22 Arten:

Limnaea (Gulnaria) auricularia L.
Limnaea (Limnus) stagnalis L.
Physa fontinalis L.
Planorbis (Coretus) corneus L.
Planorbis (Gyraulus) albus Müll.
Planorbis (Bathyomphalus) contortus L.
Ancylus (Ancylastrum) fluviatilis Müll.
Ancylus (Acroloxus) lacustris L.
Bithynia tentaculata L.
Valvata (Cincinna) piscinalis Müll.
Valvata (Tropidina) cristata Müll.
Neritina fluviatilis L.
Anodonta piscinalis Nilss.
Unio tumidus Retz.
Unio pictorum L.
Unio batavus Lam.
Sphaerium (Sphaeriastrum) rivicola Lam.
Sphaerium (Corneola) corneum L.
? Sphaerium (Cyrenastrum) solidum Norm.
? Pisidium (Rivulina) supinum A. Schm.
Pisidium (Fossarina) obtusale C. Pfr.
Dreissensia polymorpha Pallas.

Dazu kommt 1 Gast:
Anodonta cygnea L.

Jetzt leben im Main bei Frankfurt, wenn wir *Dreissensia polymorpha Pallas*, die nach der Kanalisierung noch im Main bei Frankfurt lebte, jetzt aber verschwunden ist, abrechnen, folgende 10 Arten:

Limnaea (Gulnaria) auricularia L.
Physa fontinalis L.
Planorbis (Gyraulus) albus Müll.
Planorbis (Hippeutis) complanatus L.
Ancylus (Ancylastrum) fluviatilis Müll.
? Vivipara fasciata Müll.
Bithynia tentaculata L.
Valvata (Cincinna) piscinalis Müll.
Anodonta piscinalis Nilss.
Sphaerium (Corneola) corneum L.
Dazu kommen 8 Gäste:
Anodonta cygnea L.
Unio tumidus Retz.
Unio pictorum L.
Unio batavus Lam.
? Sphaerium (Sphaeriastrum) rivicola Lamp.
? Sphaerium (Cyrenastrum) solidum Norm.
? Pisidium (Rivulina) supinum A. Schm.
? Pisidium (Fossarina) obtusale C. Pfr.

Wir sehen also, dass hauptsächlich der grösste Teil der im sumpfigen Wasser lebenden Mollusken verschwunden ist, ebenso mehrere Flussconchylien, die der Veränderung des Wassers nicht widerstehen konnten. Diese Flussconchylien leben zwar immer noch als Gäste in unserem Gebiete, denn es werden fast jedes Jahr grössere Mengen von ihnen in den Main bei Frankfurt gespült, da die Tiere oberhalb Frankfurts stellenweise noch sehr häufig auftreten. Diese Gäste unserer Fauna führen in unserem Gebiete noch eine Zeit lang ein kümmerliches Dasein, ohne sich fortzupflanzen. Wenn dies ausnahmsweise geschieht, so widerstehen die zarten jungen Tiere den äusseren Einflüssen nicht. Während also früher nur eine Teichform bei uns Gast war, haben sich die Gäste jetzt um die bei uns früher heimische Fauna des oberen Mains vermehrt.

Beitrag zur Kenntnis der Molluskenfauna des böhm. Riesengebirges.

Von

A. Köhler in Hohenelbe.

Während der schlesische Anteil des Riesengebirges bereits gründlich durchsucht ist, wurde die böhmische Südseite bisher vernachlässigt.

Dr. O. Reinhard hat in seiner „Molluskenfauna der Sudeten Berlin 1874" wohl auch diesen Gebirgsteil behandelt, jedoch wie zugegeben auf Grund unzulänglicher Beobachtungen. Seitdem hat nur der hiesige bekannte Botaniker Victor von Cypars in Harta eine Arbeit über „die Molluskenfauna des Riesengebirges" unter diesem Titel im Dezemberhefte 1885 des Fachblattes des österreichischen Riesengebirgsvereines: das Riesengebirge in Wort und Bild veröffentlicht, welche er mir samt Nachtragsnotizen zur Einsichtnahme übermittelte, wofür ich ihm meinen besten Dank ausspreche.

Seine Arbeit beruht auf langjährigen Beobachtungen, bedarf jedoch mehrfacher Ergänzungen und Richtigstellungen und dürfte überdies, in einem nichtmalacozoologischen Fachblatte erschienen, den meisten Conchologen unbekannt geblieben sein.

Ich glaube daher durch eine Veröffentlichung meiner neuen Sammelergebnisse von den Gerichtsbezirken Hohenelbe und Marschendorf, welche ich in den letzten 3 Jahren gründlich nach Conchylien durchforscht habe, einiges Interesse zu erregen. Die genannten Bezirke umfassen den wichtigsten Teil des böhmischen Riesengebirges vom Hohen Rade, Reifträger und der Schneekoppe 1605 m abwärts bis circa 400 m mit den Tälern der Elbe (Hauptort Hohenelbe), der kleinen Elbe (Hauptort Mittellangenau), des Silberbaches (Schwarzenthal) und der Aupa (Freiheit-Johannisbad).

Die Gesteinsformation ist vorherrschend Gneis, Glimmerschiefer und Tonschiefer, doch findet sich auch ein grösseres Lager von Urkalk bei Schwarzenthal und kleinere bei Pommerndorf, Oberlangenau und zwischen Langenau und Hohenelbe.

Es herrscht Nadelwald vor, vereinzelt mit Buchen gemischt, welche hie und da in Pelsdorf, Oberhohenelbe und Friedrichsthal auch geschlossene Bestände bilden. Laubgebüsch findet sich häufig an Abhängen, Wiesenbächen und verlassenen Steinbrüchen. Die grösseren Wasserläufe sind reissende Gebirgsflüsse und da Teiche fehlen, sind die Wassermollusken auf kleine Wiesenbäche und Tümpel beschränkt.

Die nachstehende Liste enthält das Ergebnis meiner eigenen Aufsammlungen und habe ich nur bezüglich der Nacktschnecken, welche ich nicht selbst sammle, und einzelner Arten, die ich nicht wiedergefunden habe, die obengenannten Werke der Herren Dr. O. Reinhardt (R.) und Viktor von Cypars (v. C.) benutzt.

Herr Dr. J. A. Wagner in Dimlach hatte in seiner bekannten Gefälligkeit die Güte eine Reihe zweifelhafter Bestimmungen zu überprüfen und spreche ich ihm hierfür auch an dieser Stelle meinen herzlichsten Dank aus.

1. Limax cinereo-niger Wolff, Hackelsdorf, St. Peter.
2. „ cinereus Lister, am Elbfalle, Hohenelbe, Hakkelsdorf.
3. „ agrestis L. In den niederen Gebietsteilen überall.
4. „ arborum Bouch. am Elbfalle, Weisswassergrund, Oberhohenelbe, Schwarzenthal, Grossaupa.
5. Vitrina pellucida Müll. Unter Laub und Moos an feuchten, schattigen Orten in allen Tälern bis zur oberen Waldregion, bei Hohenelbe, Pelsdorf, Langenau, Schwarzenthal, Grossaupa, nicht selten.

6. Vitrina elongata Drp. an Bächen und schattigen Orten, unter dem Krummholze im ganzen Gebiete von der Ebene bis auf den Gebirgskamm.

7. Vitrina diaphana Drp. unter Steinen am Weissbache bei Hohenelbe, nicht selten, ferner in Pelsdorf. Neu für das Gebiet.

8. Hyalina (Euhyalina) glabra Stud. V. v. Cypars hat dieselbe bei Hohenelbe gesammelt, ich konnte sie nicht mehr finden.

9. Hyalina cellaria Müll. unter Steinen an schattigen Orten bei Oberhohenelbe, in einem alten Steinbruche zwischen Oberlangenau und Hohenelbe, wo sie nicht selten ist, bei Schwarzenthal und Grossaupa.

10. Hyalina (Polita) nitens Mich. fast ausschliesslich in der var. nitidula Drp. bei Niederhof, Schwarzenthal, Spindelmühle, Harta.

11. Hyalina lenticularis Held (= pura Ald.) sehr zahlreich im Moos und Grase bei Hohenelbe, Pelsdorf, Friedrichsthal, Langenau, Schwarzenthal, Aupathal bis ins höhere Gebirge, auch albin = viridula Menke.

12. Hyalina hammonis Ström. (= radiatula Gray) fast ebenso zahlreich mit H. lenticularis zusammen an denselben Orten.

13. Hyalina (Vitrea, Cristallus) crystallina Müll. an feuchten Orten unter Mulm, Moos, Rinde bei Friedrichsthal und Oberlangenau spärlich.

14. Hyalina diaphana Stud. unter Moos und Schutt bei Hohenelbe am Weissbache und Jankenberge, nicht allzu selten.

15. Hyalina subrimata Reinh. wurde von Dr. O. Reinhard bei Spindelmühle Friedrichsthal gesammelt, von V. v. Cypars und mir aber nicht wiedergefunden.

16. Conulus fulvus Drp. bei Spindelmühle, Schwarzenthal, Johannisbad, selten.

17. Zonitoides nitidus Müll. an Bächen unter Steinen, in einer kleinen Au bei Niederhohenelbe zahlreich, ferner am Weissbache bei Hohenelbe, Pelsdorf und Langenau. Neu für das Gebiet.

18. Arion empiricorum Fér. Nur in Schwarzenthal häufiger, sonst vereinzelt in Spindelmühle, Oberhohenelbe. Grossaupa.

19. Arion fuscus Müll. Weisswassergrund.

20. „ hortensis Fér. allgemein verbreitet, var. alpicola Fér. auf dem Gipfel der Schneekoppe unter Steinen, Riesengrund, Elbfall.

21. Patula rotundata Müll. Im ganzen Gebiete bis in die subalpine Region, zahlreich, besonders bei Hohenelbe, Pelsdorf, Langenau, Pommerndorf, Schwarzenthal, Grossaupa unter Steinen.

22. Patula ruderata Stud. Unter Steinen und unter der Rinde von Buchenstöcken bei Friedrichsthal, auch albin, spärlich.

23. Punctum pygmaeum Drp. Auf Wiesen und in Wäldern bei Hohenelbe, Spindelmühle, Schwarzenthal und Johannisbad.

24. Helix (Acanthinula) aculeata Müll. Nach R. in der Gegend von Spindelmühle, wurde von v. C. und mir nicht gefunden.

25. Helix (Vallonia) excentrica Sterki, unter Laub und Steinen spärlich bei Hohenelbe am Weissbache (6 Stück) und Pelsdorf (1 Stück). Dahin dürfte auch die von v. C. als Hel. pulchella Müll. bezeichnete in Harta und am Raubbache gefundene Schnecke gehören. Vallonia pulchella und costata Müll. scheinen im Gebiete zu fehlen.

26. Helix (Triodopsis) personata Lam. Pelsdorf am Elbabhange, Hohenelbe.

27. Hel. (Trigonostoma) obvoluta Müll. bei Harta (v. C.).

28. Helix holoserica Stud. Grossaupa bei der Kreuzschenke, Spindelmühle, selten.

29. Helix (Fruticicola) unidentata Drp. Elbgrund, sehr selten. (v. C.).

30. Helix sericea Drp. unter Gebüsch in Niederhohenelbe, Fuchsberg, selten.

31. Helix hispida L. häufiger als vorstehende unter Hecken und Steinen bei Hohenelbe und Grossaupa.

32. Helix incarnata Müll. Unter Steinen und Gebüsch im niederen Gebiete weit verbreitet und häufig, besonders bei Oberhohenelbe, zwischen Hohenelbe und Oberlangenau in einem alten Steinbruche, Oberlangenau, Grossaupa, Schwarzenthal, hier in einer auffallend niedrigen, gedrückten Form.

33. Helix (Chilotrema) lapicida L. bei Oberhohenelbe unter Steinen an Mauern und Felsen häufig, Pelsdorf, Schwarzenthal.

34. Helix (Arionta) arbustorum L. im Gebiete bis in die subalpine Region weitverbreitet unter Gebüsch, an Mauern und Felsen, besonders in Oberhohenelbe, Hackelsdorf, Spindelmühle, Langenau, Schwarzenthal, Grossaupa.

35. Helix (Tachea) hortensis Müll. in den niedrigeren Teilen des Gebietes bei Oberhohenelbe, Langenau, Grossaupa, Schwarzenthal, stets mit gelber Grundfarbe. In Schwazenthal finden sich sehr schön gebänderte Exemplare, deren 5 breite dunkelbraune Bänder oft gegen die Mündung hin in ein einziges Band zusammenfliessen und spärlicher auch solche mit feinen weisslichen opaken Binden, neben denen dann die Grundfarbe hyalin durchscheint, die Bänder selbst sind nicht hyalin.

36. Helix (Xerophila) obvia Hrtm. Nur bei den Kalksteinbrüchen in Schwarzenthal zahlreich. Neu für das Gebiet.

37. Helix (Helicogena) pomatia L. in der ganzen Hügelregion des Gebietes, Hohenelbe, Langenau, Grossaupa, Schwarzenthal, hier mit der Neigung hoch aufzuwinden.

38. Buliminus montanus Drp. Petsdorf, Schwarzental und Grossaupa bei der Kreuzschenke, hier ziemlich zahlreich an Felsen.

39. Bulim. obscurus Müll. 1 Stück am Weissbache bei Harta (v. Cyp. in litt.) Neu für das Gebiet.

40. Cionella lubrica Müll. Hohenelbe, Oberlangenau, Harta, Schwarzenthal, Johannisbad in Moos und Gras nicht selten.

41. Pupa frumentum Drp. An Kalkfelsen beim Raubbachthale bei Hohenelbe (v. Cyp.) von mir nicht wiedergefunden.

42. Pupa doliolum Drp. Harta, selten (v. Cyp.).

43. „ muscorum L. Harta.

44. „ minutissima Htm. Schwarzenthal unter Kalksteinen 1 Stück.

45. Pupa edentula Drp. Weisswassergrund, Schwarzenthal, Johannisbad, albin am Elbfalle (Reinh.).

46. Pupa substriata Jeffr. Hackelsdorf (Reinh.).

47. „ alpestris Ald. Aupathal bei der Kreuzschenke (Reinh.).

48. Clausilia (Clausiliastra) laminata Mont. Friedrichsthal, hier unter der Rinde von Buchenstöcken in einer kleinen (13 mm) hübschen Gebirgsform mit gelben Anwachsstreifen, ferner in Johannisbad, Hohenelbe, Grossaupa.

49. Clausilia silesiaca A. Schm. Grossaupa bei der Kreuzschenke, Riesengrund.

50. Clausilia (Alinda) biplicata Mont. unter Steinen und Baumrinde in Schwarzenthal nicht selten und gross (19 mm) ferner in Hohenelbe am Jankenberge.

51. Clausilia plicata Drp. Schwarzenthal, Oberhohenelbe beim Annerbrunnen, ferner in einem alten Steinbruche zwischen Hohenelbe und Oberlangenau, hier zahlreich mit der var. implicata, auch in Schwarzenthal, diese neu für das Gebiet.

52. Clausilia (Pirostoma) dubia Drp. Grossaupa bei der Kreuzschenke an Felsen.

53. Clausilia cruciata Stud. Friedrichsthal, unter der Rinde von Buchenstöcken, selten.

54. Clausilia parvula Stud. Raubbachthal bei Hohenelbe, selten (v. Cyp.).

55. Clausilia plicatula Drp. in Oberhohenelbe zahlreich, sonst mehr vereinzelt bei Spindelmühle, Friedrichsthal, Grossaupa an Mauern und Felsen.

56. Succinea putris L. Oberhohenelbe, Hohenelbe am am Weissbache.

57. Succinea oblonga Drp. 1 totes Stück in einem verwachsenen Steinbruche zwischen Hohenelbe und Oberlangenau.

58. Carychium minimum Müll. an feuchten Orten in Hohenelbe am Weissbache, Oberlangenau am Friedrichbache spärlich.

59. Acme polita Hrtm. Pelsdorf (v. Cyp.).

60. Limnaea peregra Müll, kleine Form bei Hohenelbe in allen Wiesenbächen und Tümpeln.

61. Limnaea truncatula Müll. Harta.

62. Planorbis rotundatus Poir. Harta.

63. „ marginatus Drp. in Harta (v. Cyp.)

64. Ancylus fluviatilis L. Weissbach bei Hohenelbe an Steinen, gross und mehr elliptisch als oval, Länge 8 mm, Breite 6 mm.

65. Pisidium fossarinum Cless. Harta, Raubbachthal bei Hohenelbe.

66. Pisidium roseum Scholz in den Quelltümpeln des Weisswassers bei der Wiesenbaude. (Reinh. und v. Cyp.) wurde heuer (1907) von mir nicht mehr gefunden.

Bis auf die Nacktschnecken, welche einer Ergänzung bedürfen, dürfte obige Liste ziemlich vollständig sein. Doch ist es nicht ausgeschlossen, dass ein glücklicher Zufall noch eine Daudebardia, Caecilianella acicula oder ähnliche Seltenheiten an das Licht bringt.

Uncinaria turgida (Zgir.) Rossm. in Deutschland.
von
Albert Vohland, Leipzig.

Ende Juli dieses Jahres unternahm ich unter der liebenswürdigen Begleitung des Geh. Ministerialsekretärs a. D. Robert Jetschin eine kleine malacozoologische Exkursion in das etwa drei Stunden südlich von Patschkau u. d. Gl. Neisse gelegene Gostitzbachtal, einen engen, dicht bewaldeten, kühlen und feuchten Grund im Reichensteiner Gebirge. Es zieht sich fast parallel zwischen den Dörfern Obergostitz und Weissbach bei Jauernigk vom Ostabhang des 902 m hohen Heidelbergs hin und nähert sich schliesslich dem Dorfe Goslitz auf schlesischem Grunde. Auf der Talsohle sind Ahorn, Esche und Buche zahlreich vertreten, an denen Strigillaria cana Held, Marpessa orthostoma Menke, Kuzmicia cruciata Studer v. minima A. Sch. nicht selten gefunden werden. Vor allem ist eine sehr eng begrenzte, feuchte Stelle, kaum wenig mehr als 10 qm gross durch Jetschins Forschungen bekannt geworden. Hier findet sich die früher nur aus den Mosbacher Sanden fossil erhaltene Vitrina kochi Andreae. Sie wurde von Herrn Jetschin im Jahre 1884 hier lebend gefunden. Sie unterscheidet sich von V. diaphana Drp. besonders dadurch, dass der Spindelrand weniger stark bogig ausgeschnitten ist und durch den sehr schmalen Hautsaum.[1]

Ferner wurde hier von genanntem Herrn die nur noch vom Wölfelsfall am Westhang des Glatzer Schneeberges aus Deutschland bekannt gewordene Pyrostoma tumida Ziegl.[2] entdeckt, die in den Karpatenländern Galizien, Ungarn, Siebenbürgen, Rumänien, Kärnten und Krain verbreitet ist, und somit hier den nordwestlichsten Vorsprung darstellt.

---
[1] E. Merkel. Molluskenf. v. Schlesien. Breslau 1894 pag. 42.
[2] Ebenda pag. 136.

Diese feuchte Stelle, die in der Luftlinie etwa 3 km von der deutschen Grenze entfernt ist, und die in dem weit in deutsches Gebiet vorgeschobenen östreichischen Dreieck Schneeberg-Reichenstein-Zuckmantel liegt, gehört physikalisch unstreitig zu Deutschland.

An dieser Stelle also fand ich Uncinaria turgida Ziegl. in 4 Exemplaren.

Uncinaria turgida hat ihre Verbreitung in Rumänien[1]) in seinem nördlichsten Distrikt Folliceni am Ostabhang des Borszekgebirges, nicht aber in Mittel- und Südrumänien, ferner in der Bukovina; die var. *abdita* Km[2]) bei Slina Breniasa am Bergrücken D. Lotriora und D. Jaru, Praesbe im Cibinsgeb. der Transsylvanischen Alpen sowie bei Egyeskö im Csikergebirge, das Banat erreicht sie nicht, in der Nähe von Kronstadt tritt sie auf, in Südgalizien wird sie durch die Varietäten *galiciensis* Cl. und *Jetschini* Cl. vertreten; die Siebenbürgische Varietät *Rossndasleri*[3]) Cl. wurde bekannt von Balanbanyn Nagy Hagymas und dem Ostabhang des Terkö, bei Görgeny, am Keresztheгy östlich von Libanfalva, an der Parajder Strasse und auf dem Sattel der Hargitta. Die typische Form lebt besonders in der Tatra[4]), Kotlina Tal, Roxer, Késmarker, Belaer-Landoher Waldungen bei Podspady, im Vratnatal bei Varin, Gipfel des Cebral b. Rosenberg und Wihmanaberg bei Kralovan a. d. Waag. Die Varietät *elongata* Hssm. bewohnt Mähren.

Hiernach ist deutlich zu ersehen, dass U. turgida Ziegl. sich streng im Bereich des Karpatenzuges hält. Zwar

---

[1]) S. Clessin, Binnenmoll. v. Rumänien, in: Malakozool. Bl. v. S. Cless. Neue Folge VIII. Bd. Cassel 1886.

[2]) M. v. Kimakowicz, Verhandl. u. Mitt. des siebenbürg. Ver. f. Nat. Jahrg. XXXIII Hermannst. 1883.

[3]) S. Clessin. Die Mollf. Oest.-Ung. u. d Schweiz. Nürnberg 1887.

[4]) Jul. Hazay. Die Mollf. d. hoh. Tatra. Jahrb. d. D. M. G. 12. Jhrg. 1885.

lebt sie auf beiden Seiten Ungarn-Galizien, Siebenbürgen-Moldau, jedoch tritt sie nirgends weiter ins Land herein, da selbst in Ungarn Tokaj von ihr nicht überschritten wurde.

Was ihr nordwestliches Vorkommen in Mähren anlangt, so ist bisher bekannt Hosteinberg[1]), ferner bei Teplitz um Mährisch Weisskirchen[2]). Von hier ist eine Stelle häufigen Auftretens im „Gevatterloche" beobachtet worden. Während im allgemeinen angegeben wird, dass sie in Mähren zahlreich gefunden worden sei, betont Uliceny ausdrücklich nur die beiden Stellen als sicher. Ob nach der Angabe Prof. Boettgers[3]) „zwischen Friedeck und Altvater" anzunehmen sei, dass die Art weiter westlich nach dem Altvater zu gefunden wurde als bei Weisskirchen, lässt sich nicht mit Sicherheit erkennen, obgleich an anderer Stelle sogar direkt[4]) „das Altvatergebirge" angegeben ist. Jedenfalls sind nördlich vom Altvater keine Fundorte bekannt geworden.

Wir haben somit im Gostitztal wiederum den nordwestlichen Vorsprung einer Clausilie zu erblicken, die ihr Centrum im Karpatengebiet hat. Demnach verstärkt sie den Stamm derer, die von den Karpaten her in das Sudetengebiet eingedrungen sind, als: Limax schwabi Frauenfeld, Helix carpatica Frivaldsky, Campylaea faustina Rssm., Pyrostoma tumida Ziegl.

Interessant ist das zeitliche Auftreten der Schnecke am genannten Platze. Wie mir Herr Jetschin schreibt, hat er wenigstens 15 mal und die Herren Merkel und

---

[1]) Uliceny. Beitr. z. Moll. Mährens, in: Verhandl. natf. Ver. Brünn XXIII. Bd. 1885.

[2]) Uliceny. 2. Beitr. z. Moll. Mährens Verhandl. natf. Ver. Brünn XXVII. Bd. 1889.

[3]) O. Boettger. Syst. Verz. d. leb. Art. d. Landschngatlg. Claus. Ber. d. Offenb. Ver. f. Nk. 1878.

[4]) O. Boettger. Clausilienstudien. Cassel 1877.

Bässler mehrmals den Ort besucht und sorgfältig gesammelt, aber nie ist die Uncinarie hier beobachtet worden. Demnach muss angenommen werden, dass die Schnecke innerhalb der letzten acht Jahre, während welcher der Ort nicht besucht wurde, erst aufgetreten ist. Nach der Höhenlage zu urteilen, könnte es sich nur um eine Translokalisation von den höher gelegenen Teilen etwa durch Frühlingswässer handeln. Es ist anzunehmen und bleibt genaueren Untersuchungen vorbehalten, nachzuweisen, dass sie sich im Reichensteiner Bergland noch mehrfach findet.

Sie hält sich, nach dem einen Funde zu urteilen, an recht feuchten, steinigen Stellen auf und bevorzugt darin altes Geäst.

Vergleiche mit der var. elongata Rssm. von Weisskirchen ergeben nur geringe Unterschiede, sodass sie als diese Varietät anzusprechen ist.

Sie ist dunkler als alle mir bekannten Karpatenformen und feiner, aber deutlicher gerippt als die von Weisskirchen; Rippung des vorletzten Umganges 56 gegen 44.

Diagnosen neuer Vivipara-Formen.
Von
Dr. W. Kobelt.[1])

1. Vivipara chinensis hainanensis Moellendorff Mss.

Testa sat aperta umbilicata, ovato-globosa, decollata, subtiliter striatula, versus aperturam distinctius costellata, haud vel vix angulata, viridescenti-fusca. Anfr. superst. vix 3½ valde convexi, infra suturam vix planati, rapide

---

[1]) Ich bringe hier die Diagnosen der von mir in der zweiten Ausgabe des Martini-Chemnitz'schen Conchylien-Cabinets beschriebenen neuen Arten und Varietäten von Vivipara zum Abdruck, da sie im Conchylien-Cabinet bei seiner kleinen Auflage und seinem hohen Preise nur verhältnismässig wenigen Conchologen zugänglich sind.

accrescentes, ultimus tumidus, antice haud dilatatus nec ascendens. Apertura parum obliqua, late ovala, leviter lunata; peristoma haud reflexum. — Alt. 37, diam 32, alt. apert. obl. 23 mm.

Hal. Hainan. (Cfr. M. Ch. p. 117, t. 19, fig. 6, 7.

2. Vivipara boettgeri Moellendorff in sched.

Testa exumbilicata, ovato-conica, solida, subtilissime oblique liratula, lineolis spiralibus sub vitro quoque nullis, carinis spiralibus numerosis inaequalibus, rarissime fere obsoletis undique cincta, epidermide olivaceo-brunnea adhaerente induta, carinulis saturatioribus. spira, potius flavescente. Spira conica, apice acutulo plerumque eroso; sutura linearis impressa. Anfractus 7 (?) superne humeroso-angulati, dein convexiusculi, ultimus convexior, distincte angulato-carinatus, basi convexus, liris 2—5 cinctus, circa aream umbilicalem impressam subgibbus, antice haud descendens. Apertura obliqua, irregulariter angulato-ovala vel piriformis, intus lutescenti-vel coeruleo-albida, peristoma rectum, callo crassiusculo sed interdum interrupto subcontinuum, margine externo recto, obtusulo, lutescenti limbato, ad carinas plus minusve denticulato, collumellari incrassato, arcuato, reflexo, extus multiplicato et in aream umbilicalem impresso, nigro. — Operculum parvum, nucleo laevi distincto magno in area interna granosa insignis. — Alt. 35, diam. maj. 25, alt. apert. 15—18 mm.

Hab. Hainan (Cfr. M. Ch. p. 137, t. 26, fig. 1—7.

var. mutica n. (Cfr. M. Ch. p. 194, t. 39, fig. 3, 4.

Differt a typo liris spiralibus fere omnino obsoletis colore saturatiore tantum conspicuis. — Hab. cum typo.

3. Vivipara (natiooides var?) theobaldi m.

Testa exumbilicata, ovato-conica, tenuis, haud nitens, unicolor fusco-olivacea, vel subnigricans, subtiliter striatula, plerumque limo ferrugineo adhaerente induta, apice nigricante; spira conica, apice acuto, sutura parum impressa.

Anfr. 7, superi convexi, inferi supra planati et angulati, carinis spiralibus plus minusve distinctis cincti, ultimus acute carinatus, carina versus aperturam distinctiore et subtuberculata, utrinque convexus, carinulis tribus superioribus, prima et secunda magis approximatis, duabus inferioribus minoribus cinctus, antice descendens, basi irregulariter costato-sulcatus, spirae altitudinem superans. Apert. parum obliqua, basi recedens, ovata, supra acutiuscula, faucibus coerulescentibus, vix fasciatis, peristoma callo anguste nigromarginato continuum, margine externo vix incrassato, albo, nigromarginato. Alt. 31, 5, diam. 24, alt. apert. obl. 17, diam. 12 mm.

Hab. Dirina. — (Cfr. M. Ch. p. 151, t. 30, fig. 10, 11).

4. Rivularia auriculata calcarata Moellendorff.

Testa elongato-ovata vel subcylindrica, solida, striatula, saepe fusco-trifasciata, anfractibus inferis humeroso-angulatis, magine sinistro valde calloso, supra nodulo magno, infra processu periomphalico permagno, subduplici, late recurvo et ad modum calcaris producto insigni. Alt. 22, diam. 14—15, alt apert. 13, lat. 9 mm.

Hal. Ban-tshing-fu prov. Hunan. (Cfr. M. Ch. p. 180, t. 35, fig. 17, 18.)

5. Rivularia auriculata bicarinata m.

Testa ovato-biconica, solida, crassa, striatula, striis oblique arcuatis, sculptura spirali nulla, epidermide flavide fusca adhaerente induta. Spira erosa, sutura impressa. Anfr. 4½, penultimus et ultimus carinis 2 rotundatis, supera infrasuturali, infera in ultimo peripherica insignes, ultimus infra carinam angularem sulco impresso exaratus, ad columellam gibbus, antice descendens, basi carina compressa periomphalum cingente fere calcariformi munitus. Apert. obliqua ovato-rhombica, extus angulata, intus coerulescenti albida, marginibus callo anguste nigrolimbato junctis, externo tenui, supra angulum sinuato, infra arcuatim re-

cedente, basali subeffuso, columellari crasso, nitido albo, periomphalium latum, revurvum, extus carina compressa marginatum. Alt. 25, diam. 21, alt. apert. obl. 16, lat. 12
    Hab. Hunan (cfr. M. Ch. p. 181, t. 35, fig. 8, 9).

6. Rivularia porcellanea Moellendorff mss.

Testa exumbilicata, ovato-globosa, solida, ponderosa, striatula, sub vitro obsolete spiraliter lirata, olivaceo fusca, apice plerumque erosa; spira late conica, brevis apice acuto sutura impressa. Anfractus 5 rapide accrescentes, superi planiusculi penultimus convexior, ultimus tumidus, maximam testae partem occupans, postice spirae altitudinem plus quam triplo superans, aperturam versus in adultis ruditer costato sulcatus, antice valde descendens. Apertura obliqua, irregulariter ovato-piriformis, supra subcanaliculato compressa, basi subeffusa; peristoma callo crassissimo albido-fusco super parietem aperturalem continuum, margine externo supra impresso, medio a latere viso valde producto fusco limbato cum columellari angulum acutum productum sed haud recurvum formante, columellari latissimo, extus sulco definito, haud auriculato. — Alt. 26, diam. 21, alt. apert. obl. 20, lat. max 14 mm.

    Hab. Ichang flum. Yangtse (cfr. M. Ch. p. 184, t. 36, fig. 9—12).

Beiträge zur Kenntnis des Albinismus bei Schnecken.
Von
H. Honigmann-Magdeburg.

III.

Ueber Arion empiricorum Férussa forma alba (Ferussac).

In seinem Werke über die Mollusken Mitteldeutschlands[1] erwähnt O. Goldfuss eine Bemerkung Rudows in dessen

---
[1] Goldfuss, O. Die Binnenmollusken Mitteldeutschlands etc. Leipzig. Engelmann 1900.

Beschreibung der Mollusken des Harzgebietes[1]) über die albinotische Form von Arion empiricorum Fér. Doch findet sich bei Rudow keine genaue Angabe des Fundortes. Daher ist es von Interesse, einen genau verbürgten Fundort dieser Form aus dem Harzgebiete kennen zu lernen. Es ist dies der Fussweg, der rechts von dem Wege nach dem Dambachshause, dem Jagdaufenthalt des deutschen Kronprinzen, beim Pfeildenkmal nach Treseburg abbiegt. Hier fing ich das Stück im Juni dieses Jahres in Gesellschaft von Simrothia arborum (Bouch.-Chantr.) und der Stammform.

Die Farbe des Tieres ist ein grünliches Weiss, das sich über den ganzen Rücken und die Seite erstreckt, während die Sohle, die die Teilung in drei Felder zeigt, die sich aber nicht durch ihre Farbe voneinander unterscheiden, rein weiss ist. Eine ähnliche grünlichweisse Färbung findet man jedoch auch häufig bei Jugendstadien der Stammart, doch diese Deutung ist hier vollständig ausgeschlossen, da das vorliegende Exemplar eine Länge von 130 mm in ausgestrecktem Zustande besitzt.

Ueber Limnus stagnalis (L.) var bungei Hgm.[2])

Es ist mir jetzt gelungen diesen schönen Tieralbino in dritter Generation in grosser Anzahl nachzuzüchten. Die jungen Tiere zeigen den Albinismus noch ausgeprägter als die Eltern. Sie sind von gelblich weisser Grundfarbe und zeigen den roten Mund wie meine var. koehleri von Gulnaria ovata (Drap.), die ich jetzt ebenfalls in zahlreichen Exemplaren nachgezüchtet habe und zwar in der dritten und vierten Generation so dass die Constanz der Formen wohl sicher nachgewiesen ist.

[1]) Rudow, P. Die Molluskenfauna des Harzes. Zeitschrift f. d. gesamt. Naturwiss. Bd. 39, 1873, S 102 ff.
[2]) Honigmann, H. Beitrag zur Kenntnis des Albinismus bei Schnecken II. Diese Zeitschrift Heft IV, 1906, pag. 201–202.

Ein letzter Gruss!

Aus Bozen erhalten wir nachstehenden letzten Abschiedsgruss eines treuen alten Mitarbeiters:

Euer Hochwohlgeboren!

Da unser Mitbruder P. Vinzenz Gredler seit 8 Monaten an heftigen Gichtschmerzen leidet, so dass weder Hand noch Fuss zu seiner Verwendung steht, bei seinem vorgerückten Alter (84 Jahre) auch nicht wohl Hoffnung auf Wiedergenesung besteht, so ersucht er den Schreiber dieser Zeilen seinen lieben Freunden in Frankfurt (Dr. Kobelt, Prof. Böttger etc.) seinen letzten Abschiedsgruss und Dank zu vermelden, unter Beilage einer kleinen Zoogeographischen Reflexion — sofern diese für das „Nachrichtsblatt" verwendbar sein sollte:

Dr. V. Sterki veröffentlichte jüngst: A Preliminary Catalogue of the Land and Fresh-water Mollusca of Ohio.

Bei der Durchsicht derselben fällt vor allem auf die namhafte Zahl von Arten, welche der Staat Ohio mit der mitteleuropäischen Fauna (Deutschland) gemein hat, indess das Riesenreich China eine einzige, problematische von meinen Sammlern nie vorgelegte *Vallonia* von europäischen Spezies enthält. Greifen wir eine oder andere Gattung der Conchylien von Ohio heraus, so finden wir untenstehende 14 Arten bloss vom Staate Ohio im besagten Katalog aufgeführt, (vergleiche nachstehendes) — meist kleine von Menschen absichtlich nicht übertragene Tiere.

Zwei zoogeographische Erscheinungen, die zu denken geben.

Zonitoides nitidus (Müller, *Helix.*)
Hyalina Cellaria (Müller, *Helix.*)
Hyalina Alliaria (Miller *Helix.*)
Hyalina radiatula (Alder *Helix.*)
Punctum pygmaeum (Draparnaud, *Helix.*)
Vallonia pulchella (Müller, *Helix.*)
Vallonia costata (Müller, *Helix.*)

Pupa (Pupilla) muscorum (Müller, *[nec Linné]*.)
Vertigo ventricosa elatior Sterki.
Vertigo pygmaea (Draparnaud, *Pupa*.)
Cionella lubrica (Müller, *Helix*.)
Hyalina Draparnaldi (Beck.)
Euconulus fulvus (Müller.)
Sphyradium edentulum (Draparnaud.)

Noch auffallender erscheint der gänzliche Mangel der übergrossen Gattung *Clausilia* (und *Buliminus*), welche gerade in China und Japan so reichliche Vertretung haben, dass man ihre Schöpfungszentra dahin verlegen möchte.

Kleinere Mitteilungen.

Eine neue Pholadomya. Die zweite Art der fossil so reich entwickelten Gattung hat der Albatross, das Forschungsschiff der nordamerikanischen Regierung, im Jahre 1906 in den japanischen Gewässern entdeckt. Daß beschreibt sie als *Ph. pacifica*. Sie ist 48 mm lang. Eine Abbildung wird demnächst erfolgen.

Die Angaben unseres Nachrichtsblattes über Petricola pholadiformis Lam. kann ich vervollständigen. Seit 55 Jahren habe ich fast regelmässig den Strand der Nordsee nach höhern Fluten abgesucht und nie diese Muschel gefunden. Erst 1906 sind mir solche vom Jadebusen gesandt. Auch dort habe ich früher den Strand besucht, ohne zu finden. Sie scheint mit einemmale gekommen zu sein und nun regelmässig angespült zu werden.

Waddenwarden.   Ihr treuester   Ricklefs, Pastor.

Literatur:

Proceedings of the Malacological Society of London, vol. VII. no. 5, June 1907.
   p. 216. Woodward, B. H., what evolutionary processes do the mollusca show? Inaugural Adress by the President.

p. 260. Bourne, G. C., Note to correct the name Jousseaumia (Bourne nec Sacco neque Coutière). Der Name wird in Jousseaumiella umgeändert.
— 261. Kennard, A. S. and B. B. Woodward. Notes on the Post-pliocen Mollusca of the Mylne Collection.
— 264. — & —, Notes on some Holocene Shells from Ightham.
— 266. Preston, H. B., Descriptions of four new species of Melania from New Ireland and Kelantan (novae-hiberniae, browni, melvilli, kelantanensis, alle mit Textfiguren).
— 269. Crick, G. C., on the arms of the Belemnite. With pl. 23.
— 280. Newton, R. Bullen, Relics of Coloration in Fossil Shells. With pl. 24. Spuren von Zeichnung gehen bis in das Oligocän zurück.
— 293. Suter, Henry, Notes on New Zealand Polyplacophora with descriptions of five new Species. — Neu Ischnochiton luteoroseus Callochiton sulculatus, Chiton torri, Ch. clavatus, Onithochiton nodosus, sämtlich mit Textfiguren.
— 299. Sowerby, G. B., Descriptions of new marine Mollusca from New Caledonia. With. pl. 25. — Neu: Conus bougei p. 299, t. 25, f. 1, 2; — Cythara striatissima p. 299, t. 25, f. 3; — C. optabilis p. 300, t. 25, f. 4; — Pleurotoma abbreviata var. lifuensis p. 300, t. 25, f. 5; — Mitra accincta p. 300, t. 25, f. 6; — Triphora eupunctata p. 301, t. 25, f. 7; — Tr. fuscozonata p. 301, t. 25, f. 9; — Mormula excellens p. 302, t. 25, f. 10; — Solstellina hedleyi p. 302, t. 25, f. 12, Südaustralien; — Scapharca fultoni p. 302, t. 25, f. 11, Manila; — Cryptodon murchlandi p. 303, t. 25, f. 13. Capverden.
— 304. Da Costa, S. J., Descriptions of new species of Drymaeus from Peru, Mexico etc. With pl. 26. — Neu Dr. punctatus p. 304, t. 26, f. 1, Chanchamayo, Peru; — Dr. incognita p. 304, t. 26, f. 4, Bogota; — D. boucardi p. 305, t. 26, f. 3, Chiriqui; — Dr. ponsonbyi p. 305, t. 26, f. 5, Surco. Peru; — Dr. conicus p. 305, t. 26, f. 7, Oaxaca, Mexico.
— 306. Gude, G. K. Descriptions of a new species of Vallonia from South India (miserrima, mit Textfigur).

Cox, J. C., *a list of Cyclophoridae found in Australia, New Guinea and adjacent groups of islands.* — Sydney, 1907. 8°, 28 S.

Wesentlich auf meine Monographie im Tierreich begründet, aber mit zahlreichen kritischen Bemerkungen und Zusätzen.

Taylor, J. W., Vitrina elongata in Ireland. An Adidition to the Fauna of the British Isles. — In: The Irish Naturalist, 1907, August, p. 215, pl. 26.
<small>Die Art ist von Herrn Grierson bei Collon in der Grafschaft Louth zahlreich gefunden worden.</small>

Weiss, Dr. A., Beiträge zur pleistocänen, alluvialen und recenten Conchylienfauna der Umgebung von Gera (Reuss). — In: Jahresber. Fr. Naturw. Gera 46—48, p. 115 bis 116.
<small>Recent nur drei Arten.</small>

Vohland, Albert, die Land- und Süsswassermollusken des Triebisch Fluss- und Bach-Gebietes mit Berücksichtigung der im Robschützer Kalktuff vorkommenden Fossilen. — Aus J.-Ber. naturf. Gesellschaft Leipzig 1907. — 48 S.
<small>Eine moderne Fauna, welche ein kleines, scharf umgrenztes Gebiet gründlich durcharbeitet, Lokalität für Lokalität und Art für Art. Der jungdiluviale Travertin ist zur Vergleichung herangezogen. Das That ist interessant durch das zahlreiche Vorkommen der beiden Daudebardia, an die sich eine var. inflata von D. rufa schliesst. V. kommt zur Ansicht, dass die Lokalität für Daudebardia durchaus nicht feucht zu sein braucht, dass aber eine Hauptbedingung lockeres Steingeröll oder kluftreiche Felsen und Mauern sind; erwachsen sind sie meist im Juni, vereinzelte sind erst im Herbst halbwüchsig und überwintern; die meisten ziehen sich im Vorsommer in die Erde zurück und sterben ab. — Auch sonst sind zahlreiche biologische Beobachtungen beigefügt. Es wäre zu wünschen, dass in recht vielen Teilen Deutschlands derartige gründliche Durchforschungen begrenzter Gebiete vorgenommen würden, wie diese und die Geyer'schen in Württemberg.</small>

Strebel, Dr. H., Beiträge zur Kenntnis der Molluskenfauna der Magalhaen Provinz. V. Mit 8 Tafeln und 6 Abbildungen im Text. — In: Zoolog. Jahrbücher 1907, vol. 25, Heft 1.
<small>Enthält die Fissurelliden, Patelliden und Pulmonaten. Neu ? Megalebennus patagonicus p. 98, t. 2, fig. 23; — Tugalia antarctica p. 106, t. 2, fig. 26; — Acmaea ceciliana var. magellanica p. 108. t. 3, fig. 35, 36, 59; — Patinella delicatissima p. 145, t. 6. fig. 71, 72, 94, 95; — Patula michaelseni p. 160, t. 3, fig.</small>

97; — Limnaea patagonica p. 164. t. 8, fig. 103; — Chilina monticola p. 169, t. 8, fig. 108.

Sturany Dr. R., Kurze Beschreibungen neuer Gastropoden aus der Merdita (Nordalbanien). — In: Akadem. Anzeiger 1907, no. 12.

Neu: Campylaea zebiana, C. dochii, C. manelana, Bulimlnus merditanus, B. zebianus, B. latiflanus, B. winneguthi, Chondrula quadridens nicollii, Clausilia apfelbecki, Cl. thaumasta.

Bartsch, Paul, a new parasitic Mollusk of the Genus Eulima. — In: Pr. U. St. Nat. Museum vol. 52, no. 1548. — (Eulimina ptilocrinicola von Britisch Columbia, auf Ptilocrinus pinnatus Clark schmarotzend, mit Taf. 53).

Schmalz, K., Pleurotomaria hirasei Pilsbry eine Varietät von Pt. beyrichi, Hilgendorf. — In: Novae Symbolae Joachimicae. — Mit 3 photographischen Tafeln.

Journal de Conchyliologie, vol. 54, No. 4, 30. Mai 1907.

p. 251. Suter, Henry, le genre Placostylus dans la Nouvelle Zélande Avec pl. VIII. fig. 1–3. Neu Pl. hongii, subsp. ambagiosus.

— 257. Dautzenberg, Ph., Description d'une nouvelle espèce terrestre Néo-Calédonienne (Videna martelli t. VIII, fig. 7–9).

— 260. Dautzenberg. Ph., de la présence d'une Cypraea vinosa Gmel. dans une sépulture franco-merovingienne. Mit Textfig.

— 263. Dautzenberg, Ph., quelques déformations chez des Cypraea de la Nouvelle-Calédonie. Avec pl. IX.

— 267. Preston, H. B., Descriptions of two new species of Nassa from Fiji and New-Caledonia. — (mamillata Textfig. 1, Neu Caledonien; oberwinnmeri Textfig. 2, Fiji.

— 270. Fischer, H. & C. Chatelet, sur l'habitat du Glandina Lamyi. Der genaue Fundort ist Cardenas in der mexikanischen Provinz San Luis de Potosi.

Journal de Conchyliologie, vol. 55, no. 2 (25. Aug. 1907).

p. 123. Coutourier, M., Etude sur les Mollusques Gastropodes, recueillis par M. L. G. Seurat dans les archipels de Tahiti, Paumotu et Gambier. Neu: Tritonidea seurati p. 137, t. 2, fig. 1–3; — Murex triqueter var. emanuensis p. 142; — Spidromus digitalis seurati p. 147; — Rissoina zellneri paumotuensis p. 163, t. 2. fig. 9, 10; — Teinostoma vayssieri p. 171, t. 2. fig. 11–14.

Journal de Conchyliologie, vol. 55, No. 1 (15. Juni 1907).

p. 5. Lamy, Ed., Revision des Arca vivants du Museum d'Histoire naturelle de Paris. Avec pl. 1. — Ausser zahlreichen Berichtigungen der Synonymie werden als neu beschrieben oder zum erstenmal abgebildet: Barbatia wendti Schmeltz p. 45, t. 1, fig. 11—13, Ellice Inseln; - Arca legumen Rochebrune mss. p. 74, t. 1, fig. 3, 4, Westafrika; — A. fischeri p. 76, t. 1, fig. 5, 6, Tourane, Hinterindien; — A. nigra p. 106, t. 1. fig. 7—10, Philippinen; — A. signata Dunker t. 1. fig. 12.

Dall, W. H., Descriptions of new Species of Shells chiefly Buccinidae from the Dredgings of the U. S. S. Albatross during 1906, in the Northwestern Pacific, Bering, Okhotsk and Japanese Seas. — In: Smiths. Miscell. Collections, Quarterly Issue, vol. 50, part 2, No. 1727. — Washington 1907.

Vorläufige Beschreibung, der bald die Abbildungen und eine Bearbeitung der reichen Gesamtausbeute folgen sollen. Beschrieben werden: Pleurotomella simplicissima p. 140; — Buccinum zelotes p. 141; — B. opisoplectum, niponense p. 142; — B. calamatum, diplodetum p. 143; — B. epistomium, sigmatopleura p. 144; — B. polium, vedematum p. 145; — B. acutispiratum suruganum p. 146; — B. kadiakense, aniwanum p. 147; — B. sakhalinense, ectocyma p. 148: — B. bombycinum, limnoideum p. 149; — B. simulatum, hulimuloideum, rossicum p. 150; — B. pemphigus p. 151; B. oreolundum, fucanum p. 152; — B. eugrammatum, Chysodomus insularis constrictus p. 153; — Chr. variciferus, pericochlion parallelus p. 154; — Chr. adelphicus, oncodes p. 155; — Chr. eulimatus, trochoideus p. 156; Ancistrolepis damon p. 157; — A. grammatus, Tritonofusus calamaeus p. 158; — Plicifusus polypleuratus, elacodes p. 159; — Pl. rhipsus, aurantius p. 160; — Pl. croceus p. 161; — Mohnia micra, sordida p. 162; — M. clarki, Volutopsius middendorffi emphaticus, V. kennicotti incisus p. 163; — V. limatus, simplex, harpa var. dexius p. 165; — Liomesus bistriatus, Boreotrophon elegantulus p. 165; — Metula elongata, Galeodea leucodoma p. 166; — Astraea (Astralium) persica p. 167; — Basilissa habelica, Microgaza fulgens p. 168; — Cocculina japonica, Dentalium crocinum p. 169; — Nucula mirifica p.170; — Chlamys erythrocomatus p. 170; — Crenella grisea, diaphana p. 171; — Modiolaria impressa, Liocyma aniwana, Pholadomya pacifica p. 172.

Martini & Chemnitz, systematisches Conchylien-Cabinet. Neue
Auflage.

Lfg. 517. Vivipuridae, von Kobelt. Enthält wesentlich Hinterindier
und die Gattung Neothauma. — Neu: V. naticoides theobaldi
t. 30, fig. 10, 11.

— 518. Helicinidae, von Wagner. Enthält die Unterfamilien Apiopo-
matinae mit den Gattungen Waldemaria, Miluua und Hendersonia;
— Pseutrochatellinae und Helicininae, Gen Sulfurina. Die neuen
Arten sind schon früher in den Helicinenstudien aufgestellt.

— 519. Cyclostomacea, von Kobelt. Enthält den (vorläufigen) Schluss
von Japonia, die Gattung Theobaldius und den Anfang von Cyclophorus. — Neu Theobaldius deplanatus beddomei L 71,
fig. 1—3; — Th. annulatus nilagiricus L. 71, fig. 9—13; —
Zum erstenmal abgebildet sind: Japonia bifimbriata Mlldff.
t. 68, fig. 3, 4; — J. quadrasi Mlldff. t. 68, fig. 5—10; — J.
macromphala Mlldff. t. 69, fig. 1—5; — J. trochulus olivacea
Bttg. L 69, fig. 9, 10; — J. hypselospira Mlldff. l. 69, fig. 11—13;
— J. stenomphala Mlldff. t. 69, fig. 14, 15; — J. rollei Mlldff.
p. 554, L 69, fig. 16—18.

Proceedings of the Malacological Society of London, vol. VII.
no. 6, Septbr. 1907.

p. 310. Lang, W. D., on the pairing of Limnaea pereger with Planorbis corneus.

— 310. Smith, Edg. A., Note on an „Octopus" with branching arms.
— 310. Cooper, J. E., Holocene Mollusca from Staines.
— 311. Smith, Edg. A., Note on the occurrence of pearls in Haliotis
gigantea and Pecten sp.

— 312. Sykes, E. R., the name Bourcieria. — Wird wegen der gleich-
namigen älteren Vogelgattung in Pseudhelicina umgetauft.

— 313. Smith, Edg. A , Notes on Achatina Dennisoni Reeve and A.
magnifica Pfr. (fig.).

— 315. Suter, Henry, Review of the New Zealand Acmaeidae, with
descriptions of new species and subspecies. — Neu: A. inter-
media p. 316, t. 27, fig. 6—8; — roseoradiata p. 317, L 27,
fig. 9, 10; — parviconoidea (nom. nov. für conoidea Hutton
nec Quoy) var. leucoma und var. nigrostella n. p. 322, t. 27, fig.
26—29; — daedala nom. nov. für flammea Hutton nec Quoy
t. 27, fig. 30—32; mit subsp. subtilis p. 324, t. 27, fig. 33; —
scapha p. 324, L 27, fig. 34, 35.

— 327. Eliot, Sir, C. N. E., Nudibranchs from New Zealand and the
Falkland Islands. with pl. 28. Neu Autiopella novazealandica p.

331; — Archidoris fulva p. 336; — Ctenodoris n. subg. für Staurodoris pecten El. und Doris flabellifera Cheeseman p. 338; — Garganiella novazealandica p. 341; — Aphelodoris Cheesemani p. 342; — Aph. affinis p. 343; — Von den Falklandinseln: Cratena Valentini p. 352, L 28, fig. 4, 5; — Galvina falklandica p. 354, t. 28, fig. 7. — Staurodoris falklandica p. 356; — Acanthodoris falklandica p. 358, L 28, fig. 8.

— 362. Fulton, Hugh, C., Descriptions of new species of Australian Planispira and Chloritis: neu: Trachiopsis aculicostata und Austrochloritis hedleyi, beide von Queensland, mit Textfig.

— 364. Fulton, Hugh C., the presence of a double wall in some species of the Diaphora group of Ennea (mit Textfig).

Dall, W. H., *Notes on some Upper Cretaceous Volutidae, with Descriptions of new Species and a Revision of the Groups to which they belong.* — In: Smiths. Miscellan. Coll. quart. Issue, vol. 50, part 1, 1907, (No. 1704).

Eine wichtige und hochinteressante Arbeit, welche die Entwicklung des Volutiden-Typus von seinem ersten Auftreten in der oberen Kreide bis zum Miocän, wo er seinen vorläufigen Abschluss gefunden zu haben scheint, vorführt. Das Auftreten erfolgt ziemlich gleichzeitig in Indien, in den ostalpinen Gosau-Schichten, in der Kreide von Aachen, in den Grünsand-Mergeln von New-Jersey, in den Ripley-Schichten der Golf-Staaten, dem Pugnellus-Sandstein in Colorado und den Chico-Schichten in Californien. Die Arbeit ist eines Auszugs leider kaum fähig. Von Interesse ist, dass in der Kreide nur Volutinae auftreten und die Caricellinae erst im Eocän kommen.

Hilbert, Dr. R., *weitere Beiträge zur Preussischen Molluskenfauna.* In: Schriften Phys. oekonom. Ges. Königsberg 1907, vol. 47, p. 155—167, Taf. XXVII.

Die Fauna zählt jetzt 158 Arten und 70 Varietäten. Neu: Vivipara vivipara elvirae p. 158, L 27, fig. 1. Ein Verzeichnis aller bekannter Arten ist beigegeben.

Kobelt, Dr. W., *Rossmaesslers Iconographie, Neue Folge, Bd. XIII. Lfg. 5 und 6.*

Die Schluss-Lieferung des dreizehnten Bandes enthält Pomatias (nach Wagner), die Böttger'schen Minutien aus dem Sarusgenist, die Wagner'schen neuen Hyalinen aus den Südalpen, die Daudebardia nach Wagner und auf 5 Tafeln die seither zu Xerophila variabilis gestellten grösseren braunlippigen Xerophilen aus Süditalien und Sizilien von denen die meisten unter Xerophila peninsularis Monterosato mss. vereinigt werden. Neu oder zum erstenmal abgebildet sind: Helicogena speideli Iltg. fig. 2190; die sämtlichen Wagner'schen Hyalina und Crystallus (nach Zeichnungen von Wagner); — Xerolauta peninsularis clitumni n. Mittelitalien fig. 2215, 2216; — X. pen. neptunensis n Nettuno, fig. 2217; — X. p. interamnensis n., Terni, fig. 2219; — X. p. virginea n. Mte. Vergine fig. 2220; — X. p. alburni n. Mte. Postiglione, fig. 2221; — X. p. lauriensis n., Lauria, fig. 2222—24; — X. p. sybaritica n, Ebene von Sybaris, fig. 2225; — X. p. moranensis n. Morano, fig. 2225; — X. p. messapiensis, Terra d'Otranto fig. 2227 bis 28; — X. p. sapriensis, Sapri, fig. 2229; — X. timei Mtrs. mss. Taormina, fig. 2230; — X. grossa Mtrs. mss. Süd-Sizilien, fig. 2232; — X. senecta Mtrs. Girgenti, fig. 2233; · X. accusata Mtrs. mss. Trapani fig. 2234; — X. variata var. regularis Mtrs. mss. Palermo, fig. 2238.

Eingegangene Zahlungen:

M. Lodder, Launceston, Mk. 6.—; Dr. A. Luther, Helsingfors, Mk. 12.—; Kroat. Zool. Landesmuseum, Agram, Mk. 6.—; W. A. Lindholm, Moskau, Mk. 6.—; R. Haygy, Upsala, Mk. 6.—; Dr. E. Hermann, Gebenkirchen, Mk. 6.—: Professor Dr. Simroth, Mk. 6.—; W. Blume, München, Mk. 6.—; Kreisarzt Dr. Pfeffer, Genthin, Mk. 6.—; K. K. Notar A. Köhler, Hohenelbe, Mk. 6.—; J. Ponsonby, London, Mk. 6.—; H. Schlesch, Kopenhagen, Mk. 6.—; F. Borcherding, Vegesack, Mk. 6.—; C. M. Steenberg, Kopenhagen, Mk. 6.—; Pfarrer Ricklefs, Waddenwarden, Mk. 6.—; C. Schwefel, Küstrin, Mk. 6.—; D. Knipprath, Höchst a. M., Mk. 6.—; G. Pollonera, Turin, Mk. 12.—; Naturwissenschaftl. Museum, Hermannstadt, Mk. 10.—; Erzbischöfl. Seminar u. Obergymnasium, Travnik, Mk. 6.—.

Neue Mitglieder:

Dietrich Knipprath, Höchst a. M.
A. Partz, Hamburg, 22. Flachsland 49.
Erzbischöfl. Seminar u. Obergymnasium, Travnik.

Ausgetreten:

Naturwissenschaftl. Museum, Hermannstadt (Siebenbürgen).
F. Ulrich, Berlin.
Alfred Uhlemann, Leipzig.

Redigiert von Dr. W. Kobelt. — Druck von Peter Hartmann in Schwanheim a. M
Verlag von Moritz Diesterweg in Frankfurt a. M.

Ausgegeben: 15. Januar.

No. 2. April 1908.

Nachrichtsblatt
der deutschen
Malacozoologischen Gesellschaft.

Vierzigster Jahrgang.

Das Nachrichtsblatt erscheint in vierteljährigen Heften.
Abonnementspreis: Mk. 6.—.
Frei durch die Post im In- und Ausland.

Briefe wissenschaftlichen Inhalts, wie Manuskripte u. s. w. gehen an die Redaktion: Herrn **Dr. W. Kobelt** in Schwanheim bei Frankfurt a. M.
Bestellungen, Zahlungen, Mitteilungen, Beitrittserklärungen u. s. w. an die Verlagsbuchhandlung des Herrn **Moritz Diesterweg** in Frankfurt a. M.
Ueber den Bezug der älteren Jahrgänge und der Jahrbücher siehe Anzeige am Schluss.

Mitteilungen aus dem Gebiete der Malacozoologie.

Zur Erforschung der Najadeenfauna des Rheingebietes.
Von
Dr. W. Kobelt.

Es sind nun zwanzig Jahre her, dass ich im zwanzigsten Bande des Nachrichtsblattes[1]) den Vorschlag machte, durch gemeinsame Arbeit der deutschen Malakozoologen endlich einmal Licht in den Wirrwarr unserer Najadeen zu bringen. Ich schrieb damals:

„Noch schlimmer als mit den Limnäen steht es mit unserer Kenntnis der deutschen Najadeen. Hier ist die Zusammenziehung aller bekannter Formen in wenige Arten, wie sie seit Rossmässler's Auseinandersetzungen im zweiten Bande der Ikonographie üblich geworden, entschieden von dem nachteiligsten Einfluss gewesen. Es fällt mir

---
[1]) Die deutschen Bivalven. Ein Vorschlag zu gemeinsamer Arbeit. In: Nachrichtsblatt 1888, Jahrg. 20, S. 47.

natürlich nicht ein, der Zersplitterung, wie sie von der
Nouvelle Ecole geübt wird, das Wort zu reden, am wenigsten der Manier des Herrn Servain. Aber man darf sich
auch nicht begnügen, aus jedem Faunengebiete die bekannten drei Unionen *(pictorum, tumidus* und *batavus)* und
etwa noch *Anodonta mutabilis* und *complanata* aufzuführen,
sondern man muss diese Arten als Formenkreise
betrachten, innerhalb deren es gilt Varietäten
und Lokalformen zu unterscheiden und deren
Abhängigkeit von den Lokalverhältnissen zu
erforschen."

„Es ist das eine Aufgabe, die allerdings nur mit vereinten Kräften zu lösen ist, an deren Lösung aber auch
jeder Malakolog[1]) mitarbeiten kann, ohne sich erst grosse
Spezieskenntnisse erwerben zu müssen und für die jeder
ein dankbares Arbeitsfeld in seiner nächsten Umgebung
findet. Die Organisation der Arbeit müsste allerdings die
Gesellschaft übernehmen, und ich denke mir sie folgendermassen: Das Arbeitsgebiet müsste nach seinen Flussgebieten
verteilt werden und für jede Abteilung irgend ein innerhalb
des Gebietes wohnender Fachmann die Oberleitung übernehmen. In seine Hände muss alles aus dem Flussgebiete stammende Najadenmaterial zur Revision gelangen; er hat dasselbe genau zu untersuchen, die Formen
zu bezeichnen, welche besonderes Interesse bieten, und darüber im Nachrichtsblatt zu berichten. Es wird sich ja
wohl in jedem Gebiet irgend ein naturwissenschaftlicher
Verein finden, welcher in seinen Sammlungen den Typen ein Plätzchen gönnt. Grössere Flussgebiete wären
in Unterabteilungen zu zerlegen, doch müsste der Zusammenhang derselben gewahrt bleiben. Eine der ersten
Aufgaben würde natürlich sein, eine Zusammenstellung

---

[1]) Jetzt würde ich sagen, jeder, der sich irgendwie für Heimatkunde und Heimatforschung interessiert.

dessen zu geben, was wir gegenwärtig von unserer Najadenfauna wissen; daraus ergäben sich die Lücken und die Gebiete, welche zuerst in Angriff zu nehmen wären, von selbst".

„Die intensivere Erforschung unserer Heimat hat ja in der neuesten Zeit auf allen Gebieten begonnen und überraschend gross war die Zahl der freiwilligen Mitarbeiter, welche mit dem Beginn der Veröffentlichung der „Forschungen zur deutschen Landes- und Völkerkunde" hervorgetreten sind. Auch für die Erforschung der Bewohner unserer Gewässer wird es an Mitarbeitern nicht fehlen, denn in keinem anderen Arbeitsgebiete ist die Beschaffung von Material so leicht, sobald nur der, welcher es wünscht, nahe genug wohnt, um persönliche Beziehungen zu haben. Die unzähligen Seen der norddeutschen Ebene, die Bäche der Mittelgebirge sind noch gleichmässig unbekannt; welche interessante Formen dort noch der Entdeckung harren, wird demnächst wieder eine Arbeit von Borcherding aus dem Tiefland zwischen Weser und Elbe beweisen. Wie wenig wir z. B. die Rheinfauna noch kennen habe ich in meinem Supplement zur Fauna von Nassau gezeigt. Sollten die Verhältnisse in anderen Flussgebieten anders liegen? Ich erinnere nur an die Forschungen von Küster und Held in Bayern, welche ganz unverdienter Vergessenheit anheimgefallen sind, an die verschollenen Arten, die Menke aus der Umgebung von Pyrmont und vom Nordabhang der deutschen Mittelgebirge beschrieben hat."

Meine Erwartung wurde damals schmählich getäuscht, ich kann mich nicht entsinnen, eine zustimmende Erklärung geschweige denn einer Sendung, oder überhaupt ein Lebenszeichen auf meine Aufforderung hin erhalten zu haben. Das hat mich nicht weiter entmutigt. Ich war damals noch zwanzig Jahre jünger als heute, dachte Zeit genug vor mir zu haben, und abwarten zu können, bis bessere Zeiten

kämen und die auf mir ruhende Arbeitslast sich ein wenig
vermindert habe. Letztere Hoffnung ist freilich nicht er-
füllt worden, aber da die Arbeitszeit, auf die ich noch
hoffen kann, zu einer kurzen Spanne zusammengeschrumpft
ist, will ich noch einmal einen Versuch machen, eine gründ-
liche Erforschung des Rheingebietes auf seine Najadenfauna
hin anzuregen und wenigstens die dazu nötigen Vorberei-
tungen noch selbst ins Leben zu rufen.

Bietet doch das Rheingebiet das interessanteste Feld
für eine derartige Forschung. Der „Vater Rhein" ist ja
bekanntlich kein einfacher Flusslauf, wie so viele andere,
der seit unvordenklicher Zeit die Gewässer einer bestimmten
Gegend dem Meere zuführt; er ist nicht, wie man von
einem „Vater" von rechtswegen verlangen kann, einer der
ältesten Ströme in Europa oder auch nur in Deutschland,
sondern einer der jüngsten, denn er ist erst in einer verhältnismässig ganz jungen Periode der Erdgeschichte aus
mindestens vier von einander unabhängigen Flussgebieten
entstanden. Den Geologen ist das ja längst bekannt, aber
die Zoologen haben bis jetzt noch wenig Notiz davon genommen und faunistisch den Rhein eben Rhein sein lassen.
Gerade sie haben aber am meisten Grund, diese wichtige
Tatsache bei allen Arbeiten über die Rheinfauna zu Grunde
zu legen. Ihre Richtigkeit beweist ein Blick auf die bei-
folgende Kartenskizze[1]). Ich habe sie im Anschluss an eine
Verkleinerung der Noordhof'schen Wandkarte des Strom-
gebietes des Rheins entworfen und an dieser weiter nichts
geändert, als dass ich die beiden auch dem blödesten Auge
erkennbaren Durchbrüche des heutigen Rheins durch natür-
liche Hindernisse mit Schraffierung zugedeckt habe, den
Durchbruch durch die Jurakette, der heute den schweizer
Jura vom Hohen Randen trennt, und den durch das Rhei-

---

[1]) Das Cliché ist mir von dem Nassauischen Verein für Naturkunde in bereitwilligster Weise zur Verfügung gestellt worden.

nische Schiefergebirge vom Binger Loch bis zur Moselmündung bei Koblenz, oder vielleicht nur bis Caub. Beide

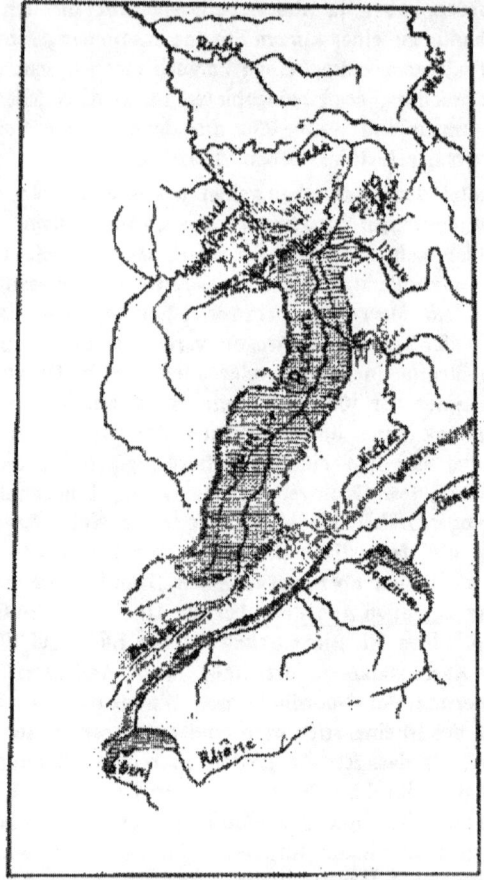

Durchbrüche gehören zu den neuesten Bildungen; am Rheinfall von Schaffhausen und der Stromschnelle von Laufen sehen wir den Fluss noch in voller Arbeit, den Durchbruch

bei Bingen hat er, zuletzt noch mit Menschenhilfe, so ziemlich vollendet. Ich habe ausserdem noch das Mainzer Tertiärbecken eingezeichnet das seiner Zeit der Süsswasserfauna den Weg eben so sicher versperrte, wie eine undurchbrochene Gebirgskette.

Ehe der Hohe Randen vom Jura getrennt war, musste die ganze Wassermasse, welche dem Nordabhang der Alpen entströmte, also die heutigen Quellflüsse des Rheins und der Aar mit allen ihren Zuflüssen, dem Bodensee zuströmen. Von da hat sie unzweifelhaft ihren Weg längs des schwäbischen Jura zur Donau genommen und mit den heutigen Nebenflüssen derselben das Pannonische Becken gespeist. Der Schweizer Rhein war also der Oberlauf der Donau. Ihm floss aber noch geraume Zeit hindurch auch alles Wasser zu, welches die Rhône dem Genfer See zuführte, und ebenso der Abfluss der östlichen Juraabhänge; erst der Durchbruch am Fort de l'Ecluse öffnete diesem den Weg ins Mittelmeer. Die Verbindung mit dem Donaulauf wurde wahrscheinlich gesperrt durch den Durchbruch der Phonolithe und Basalte im Hegau. Die Bewegung der Erde ist ja dort überhaupt noch nicht zur Ruhe gekommen und dauert, wie die neuesten Praecisions-Nivellements ergeben haben, noch fort.

Der Quellfluss des Rheines im heutigen Sinne war der Oberlauf des Doubs, dem wohl auch noch Teile der oberen Saône zuflossen. Es war ein kleines, aber völlig selbständiges Flussgebiet, dessen Unterlauf die heutige Ill gebildet haben wird. Das Mainzer Becken trennte es vollständig von den mittelrheinischen Flüssen, dem Neckar, dem Main und der Nahe. Auch die kleinen Nebenflüsschen bis zur Neckarmündung mussten damals selbständige Gebiete bilden.

Neckar, Main und Nahe waren ein System für sich, der Neckar war mit dem Main noch spät enge verbunden und mündete in der Gegend von Trebur mit ihm gemein-

sam in den nördlichsten Teil des Mainzer Beckens. Der
Main gehört zu den alterältesten Flüssen Deutschlands;
zu allen Zeiten sind in seinem Tale die Abflüsse vom Nord-
rand der bayerischen Urgebirgsscholle nach Westen ab und
dem Meere zugeflossen, das sich ja damals von den Alpen
durch das Mainzer Becken zwischen dem Rheinischen
Schiefergebirge und der fränkischen Urgebirgsscholle hindurch zur Porta Westphalica und dem grossen Nordmeer
erstreckte. Lange Zeit hindurch floss ihm auch wohl in
der Lahn durch die Wetterau das Wasser vom Ostrand
des Rheinischen Schiefergebirges zu, bis die Basaltmassen
des Vogelsberges und der Rhön die Verbindungsstrasse
sperrten und das Rheinmeer in einen See verwandelten.
Jedenfalls bildete der Main ungezählte Jahrhunderttausende
hindurch ein völlig unabhängiges Stromgebiet.

Aber nicht minder alt ist auch die Mosel, welche
die Gewässer vom Westabhang der Vogesen und Nordabhang
des Rheinischen Schiefergebirges vom Ederkopf bis zu den
Ardennen sammelte und dem Nordmeer zuführte. Sie ist
jedenfalls viel älter, als der Einbruch des Rheinthalos und
hatte ihre Hauptquellen auf dem Hochplateau, das früher
dessen Stelle annahm. Ihr Lauf ist tief in uraltes Gebirge eingeschnitten, der Rheinlauf von Coblenz ab ist ihr
Bett, die Rheinschlucht bis Caub vielleicht das eines Neben-
flusses, so dass den Moselrhein nur ein wenige Kilometer
breiter Felsriegel vom Wispertal bis Bingen vom Rhein-
Main trennte. Wann der Durchbruch durch diesen Riegel
erfolgte oder die Durchsägungsarbeit des überströmenden
Wassers begann, haben wir nicht zu entscheiden. Sobald
er eine gewisse Tiefe erreicht hatte, begann der obere Teil
des Beckens trocken zu laufen. Die Ill grub sich in das
neue Land ihr Bett. Als der Schweizer Rhein sich sein
neues Bett suchte und ihr zur Hülfe kam, ging es rascher
und so wurde der Rhein ein zusammenhängender Wasser-

lauf vom Gotthard bis zum Nordmeer. Dass er zeitweise erst viel weiter nördlich den Ozean antraf, Themse, Ems, Weser und Elbe aufnahm und mit ihnen vereinigt die Doggersbank aufschütten half, mag hier erwähnt werden, da es zur Erklärung des in den sämmtlichen deutschen Flüssen zweifellos vorhandenen gleichartigen Grundstocks an Najaden und sonstigen Bewohnern von Wichtigkeit ist.

Angesichts dieser eigentümlichen Entwicklungsgeschichte kann es eigentlich kaum eine interessantere Frage für die Heimatkunde geben als die, **ob man in der Fauna des heutigen Rheingebietes vielleicht noch Spuren der ehemaligen Selbständigkeit der einzelnen Flussgebiete nachweisen kann oder nicht.** In der Donau, die ja ebenfalls aus *Danubius*, *Ister*, den Abflüssen Siebenbürgens und des nördlichen Balkanabhanges in verhältnismässig neuer Zeit entstanden ist, ist das ja ziemlich leicht, da der Unterlauf, der Ister, in *Vivipara*, *Melanopsis*, *Neritina* und vielen Bivalven eine Fülle von Eigenheiten hat, die seine frühere Trennung von dem Alpenstrome *Danubius* beweisen. Im Rhein ist eine solche auffallende Verschiedenheit nicht vorhanden, für die feineren Unterschiede genügt aber das heute vorhandene Material in keiner Weise. Eine Untersuchung des Rheinlaufs selber kann dafür allein auch nicht viel nützen, wenigstens nicht von Basel ab, da von da ab ein Hindernis nicht mehr vorliegt. Für die richtige Würdigung der Fauna des Oberlaufs fehlt aber noch das unentbehrliche Vergleichsobjekt, die genaue Kenntnis der Fauna der oberen Donau.

Aber ganz fehlen die Unterschiede nicht. Schon im Jura-Rhein oder richtiger seinen Ablagerungen finden wir *Unio littoralis*, der heute noch im unteren Doubs und der Saône lebt und dem oberen Rhônelauf von der alten Barrière am Perte du Rhône ab fehlt, und nach einer neuerlichen Entdeckung von Prof. Lauterborn auch den aus

Römergräbern längst bekannten riesigen *U. sinuatus*, eben
noch einen Bewohner des Doubs. Im ganzen Schweizer
Rhein scheint U. tumidus zu fehlen und batavus in eigenen
Formen aufzutreten; auch der oberen Donau fehlt tumidus, nur in die Seen der Jurasenke ist er, wohl erst in
relativ neuer Zeit, eingedrungen. Der Mittelrhein hat im
Strom den prächtigen *Unio pictorum grandis* als Besonderheit. Aber die wichtigeren und sicheren Unterschiede können
wir nur im Oberlauf der Zuflüsse und in den feinsten Verzweigungen derselben finden, in denen die Lebensbedingungen seit unvordenklichen Zeiten sich kaum verändert
haben und zweifellos noch heute dieselben Formen leben,
wie in der Diluvialperiode und vorher. Hier müssen wir
noch die Unterschiede nachweisen können, die zur Zeit bestanden, wo die Vereinigung der vier Flusssysteme noch
nicht stattgefunden halte. Aber freilich das Material für
solche Untersuchungen muss erst beschafft werden. Heute
haben wir nur einzelne Formen, die wir als charakteristisch
für eine Abteilung ansprechen können. So vom Nordabhang des rheinischen Schiefergebirges den *Unio battonensis*
aus der Eder, *Unio kochii* und *Margaritana freytagi* aus der
Nister, *Unio rugatus* Menke und *rubens* Menke von Pyrmont,
Hildesheim und der Wupper, die drei von de Malzine beschriebenen Arten aus der oberen Maas. Es sind das aber
auch die einzigen Vertreter, die wir von dort kennen; dass
sie sämtlich im Maingebiet fehlen, ist wohl kaum ein Zufall. Wie wird sich das Verhältnis stellen, wenn wir einmal die Fauna der kleinen Bäche wirklich kennen? Da
liegt ein Arbeitsfeld, auf dem in erster Linie die lokalen
naturwissenschaftlichen Vereine ihre Existenzberechtigung
erweisen können, auf dem aber auch die Aquarienvereine
und andere derartige Gesellschaften darthun können, dass
sie nicht bloss für Sport und dergleichen Sinn haben, sondern auch bei einer ernstlichen wissenschaftlichen Arbeit

mittun können und wollen. Bach für Bach muss untersucht werden. Aber dazu braucht man keine wissenschaftliche oder gar fachwissenschaftliche Schulung, ja nicht einmal eine persönliche Bemühung. Wo Froschschälchen oder Schuffmilchen oder wie sie sonst heissen mögen zu finden sind, weiss jeder Junge, und es wird überall solche geben, denen es eine Freude sein wird, ihnen nachzuspüren und sie zu holen, besonders wenn ein Mühlgraben geputzt oder ein Teich abgelassen wird. Es bleibt dann nur die Mühe, sie in kochendes Wasser zu werfen, das Tier herauszunehmen und sie in einem Zigarrenkistchen dem Senckenbergischen Museum in Frankfurt am Main zuzusenden. In dem neuen Prachtbau des Museums ist Raum genug für eine allen Ansprüchen genügende Zentralsammlung der Mollusken nicht nur des Maingebietes, sondern auch der benachbarten Flusssysteme.

Ist aber erst einmal eine Zentralsammlung von einiger Bedeutung vorhanden, so wird es an Bearbeitern nicht fehlen. Ich hege dabei noch eine andere Hoffnung. An die eingehende Untersuchung der Najadenfauna des Rheingebietes wird sich natürlich die Untersuchung der Nachbarfaunen schliessen, der oberen Donau und des sich in das Rheingebiet einkeilenden oberen Wesergebietes, und damit eine vergleichende Bearbeitung der verschiedenen Stromgebiete. **Aber diese kann nicht bei den Najaden Halt machen.** Sie ist auch bei anderen Wasserbewohnern nötig und in erster Linie bei den Fischen. Oder will irgend ein Ichthyologe die Behauptung verantworten, dass die in den verschiedenen Flussgebieten mit demselben Namen belegten Fische absolut identisch sind und dass wir in Deutschlands Bächen nur eine einzige Bachforelle haben? Damit kommen wir aber näher und näher an das heran, was uns heute noch in so vielen Tierklassen fehlt, an die Heranziehung des geologisch-historischen Elementes für Faunistik und

Floristik und hoffentlich an eine vergleichende Entwicklungsgeschichte der Faunen unserer verschiedenen Flussgebiete.

Eine Art Mitarbeiter, an die man gewöhnlich nicht denkt, wäre für die Herstellung der Tafeln, ohne die eine Bearbeitung des gesammelten Materials ja unnütz sein würde, freilich auch noch nötig mindestens eben so nötig und wichtig, wie die Sammler und die wissenschaftlichen Berater; eine Anzahl tüchtiger Liebhaber — Photographen, denen ihre Verhältnisse er erlauben, ohne Vergütung gute Aufnahmen der dazu ausgewählter Muscheln herzustellen, die dann billig auf den Stein übertragen werden können, denn nur Photographien können die Treue verbürgen, die für derartige vergleichende Untersuchungen erforderlich ist.

Diagnosen neuer Vivipara-Formen.
Von
Dr. W. Kobelt.

II.

7. Vivipara philippinensis lagunensis n.
(cfr. M. Ch. t. 48, fig. 1, 2).

T. sat aperte umbilicata, globosa vel globoso-conica, apice decollato, sordide fusca vel virescens, saturatius strigata. Spira breviter conica; sutura profunda. Anfr. superstites 4 convexi, spiraliter subtilissime lirati, ultimus ad peripheriam vix obsoletissime angulatus, liris majoribus nullis. Apertura ovata, supra vix angulata; peristoma continuum, anguste nigro-limbatum, margine columellari parum arcuato, obliquo, externo tenui, intus labio albido incrassato.

Alt. 25, diam. 21 mm.

Prov. Laguna, Luzon.

8. Vivipara buluanensis boholensis n.
(cfr. M. Ch. t. 49, fig. 12, 13).

T. late et sat aperte umbilicata, late conica, subturrita, solidula, virescenti-fusca summo saturatiore fusco coe-

rulescente; spira conica-turrita, apice acutissimo integro, sutura profunda. Anfr. 7, primi 4 lente accrescentes, laeves, inferi 3 tumidi, supra humerosi, costellis radiantibus distinctis latiusculis, aperturam versus majoribus, lineisque incrementi intercedentibus sculpti, sculptura spirali fere obsoleta; ultimus subteres, costellis aperturam versus subgranosis. Apertura ovato-rotundata, intus fuscescenti-suffusa; peristoma continuum, tenue, nigrolimbatum. Alt 34, diam. 27 mm.
Insel Bohol, Philippinen.

9. Vivipara constantina n.
(cfr. M. Ch. L. 46, fig. 16, 17, 20, 21.)

T. obtecte perforata, ovato-conoidea, solidula, olivaceofusca, subtiliter striatula, ad liras obsolete saturatius lineata. Spira conica, apice plerumque eroso; sutura impressa, ad anfractum ultimum subcanaliculata. Anfr. 5, superi planiusculi, lente accrescentes, inferi majores, supra subangulatohumerosi, spiraliter subregulariter lirati, ultimus ad peripheriam distincte angulatus, basi haud liratus, circa perforationem carina obsoleta cinctus, antice infra angulum descendens, basi convexus. Apertura piriformi-ovata, intus livide coerulescente-albida, peristomate nigrolimbato, continuo, margine externo acuto, recto, columellari breviter reflexo. — Alt. 23, diam. 9 mm.

Konstantinhafen, Neuguinea. Zur Sippschaft der V. decipiens gehörend.

10. Vivipara dollensis n. (cfr. M. Ch. l. 48, flg. 7—10).

T. anguste et subobtecte umbilicata, globoso—conica vel ovato-conica, solidula, sericeo-nitens, unicolor viridi-fusca. Spira convexo-conica, pallidior, apice breviter conoideo, eroso; sutura impressa. Anfr. 5½—6 convexi, oblique striatuli, sculptura spirali fere nulla; ultimus tumidus, initio subangulatus, aperturam versus rotundatus, circa perforationem obsoletissime angulatus, antice leniter descendens. Apertura obliqua, ovato-rotundata, supra vix angulata, intus fuscescenti albida, saturatius limbata; peristoma continuum, saturate nigrum, margine columellari arcuato, reflexo.

Alt. 30, diam. 24, alt. apert. 15 mm.

Deli auf Sumatra.

11. Vivipara (natiooides var.) noetlingi n.
(cfr. M. Ch. t. 42, fig. 1, 2).

Testa elongate ovato-turrita, vix rimata, solidula, oblique subtiliterque striatula, sub vitro vestigia sculpturae spiralis vix exhibens, virescenti-fusca, subunicolor, in anfractibus inferis fascia fusca inter suturam et carinam superam vix conspicua ornata. Spira turrita subscalata, apice acuto integro; sutura impressa. Anfractus 8 regulariter accrescentes, superi 4 parvi convexi, inferi infra suturam plus minusve planati, dein subangulati, inde a penultimo liris tribus aequidistantibus, in ultimo plus minusve tuberculatis cincti, ad liras subangulati, ultimus infra carinam periphericam descendens, supra et infra fere aequaliter convexus, postice spirae altitudinem subaequans. Apertura parum obliqua, basi recedens, irregulariter ovato-piriformis, faucibus livido-albidis; peristoma tenue, acutum, extus medio productum et subangulatum, anguste nigro-marginatum, marginibus callo tenui nigrolimbato junctis, columellari incrassato, reflexo, extus nigro, umbilicum fere omnino tegente. — Operculum profunde concavum, piriforme, extus multistriatum, striis lamellosis. — Alt. 42, diam. 29, alt. apert. 20. lat 18 mm.

Meungyais.

12. Vivipara braueri n. (cfr. M. Ch. t. 43, fig. 15. 16.)

Testa sat late rimato-perforata, ovato-conica, solidula, nitida, subtiliter striatula, sub vitro lineolis spiralibus obsoletissimis cincta, fere puncticulata, virescens, strigis subtilibus parum saturatioribus et vestigiis incrementi nonnullis fuscis ornata. Spira conica, apice acuto; sutura inter anfractus inferos impressa. Anfractus 5 regulariter accrescentes, inferi anguste infra suturam planati, ultimus altitudinis $^2/_5$ occupans, circa rimam subcompressus, antice haud descendens. Apertura leviter obliqua basi recedens, ovata, supra acuta, coerulescenti-albida, anguste nigro marginata; peristoma tenue acutum, marginibus callo nigrolimbato junctis, margine columellari oblique intuenti tantum dilatato.

Alt. 27, diam. 23, alt. apert. obl. 17 mm.

Siam.

13. Vivipara rivularis n. (cfr. M. Ch. t. 44, fig. 1—4.)

Testa vix rimata, elongate ovata, solida, crassa, vix nitens, ruditer et irregulariter striatula, vestigiis sculpturae spiralis sub lente quoque vix conspicuis, fuscescenti-viridis, unicolor. Spira sat elate conica subgradata, apice parvo plerumque eroso; sutura impressa. Anfractus 5 regulariter accrescentes, 3 inferi infra suturam anguste planati, dein convexi, ultimus postice dimidiam altitudinem vix superans, plus minusve distincte angulatus, antice haud descendens. Apertura sat obliqua, ovato-piriformis, supra acuminata et subcanaliculata, intus sordide albida; peristoma rectum, simplex, haud limbatum, marginibus callo continuis, externo parum convexo, columellari incrassato, arcuato.

Alt. 26, diam. max. 22, alt. apert. 16 mm.

Hunan.

14. Vivipara hortulana n. (cfr. M. Ch. t. 54, fig. 9, 10.)

T. late et aperte perforata, ovato-conica, subturrita, solidula, oblique confertim striatula et obsoletissime liratula, sordide olivacea. Spira turrita, apice breviter conica, in speciminibus adultis decollato-erosa; sutura subcanaliculata. Anfr. superst. 3 supra brevissime angulato-humerosi, dein planiusculi, ultimus ad peripheriam initio angulatus, angulo aperturam versus evanescente, distinctius spiraliter liratus, infra peripheriam planiusculus, circa umbilicum iterum angulatus, ad aperturam subascendens. Apertura elongato-ovata, supra angulata, faucibus livide coerulescentibus, ferrugineo-limbalis; peristoma vix continuum, callo parietali tenuissimo, nigro-limbatum, margine externo tenui, acuto, perparum arcuato, columellari vix reflexiusculo. — Operc. ovale, sat crassum, nucleo profunde impresso, intus laeve, facie granulosa nulla. — Alt. 24, diam. 17, alt. apert. 12, diam 9 mm.

Im botanischen Garten von Buitenzorg auf Java, vermutlich eingeschleppt.

15 Vivipara kelantanensis n. (cfr. M. Cb. t. 44, fig. 5, 6.)

T. vix perforata, ovato-conoidea, solida, oblique striata vel costellata, lirulis spiralibus confertis et in parte supera anfractuum carinulis parum prominentibus irregularibus numerosis cincta, sub limo adhaerente viridi-fusca. Spira profunde erosa; sutura distincta. Anfr. supcrst. 5 regulariter et sat celeriter accrescentes, superi convexiusculi, ultimus major, infra suturam planato-humerosus, ad peripheriam carina ex insertione exeunte angulatus, basi convexus, laevior, sed lineolis spiralibus numerosis usque ad aperturam conspicuis et costellis prominentibus nonnullis sculptus. Apertura modice obliqua, late ovata, basi subeffusa, faucibus livido-coeruleis, late ferrugineo limbalis; peristoma subcontinuum, nigro-fusco tinctum, margine externo supra depresso, dein bene arcuato, basali subeffuso, columellari arcuatim ascendente, reflexiusculo, appresso, callo tenui sed distincto, nigro fusco limbato cum externo juncto. — Alt. 38, diam. 30, alt. apert. obl. 19, lat. 17 mm.

Kelantan auf Malacca.

Zur Fauna von West-Sumatra.
Von
H. Rolle.

Aus der Umgebung des Vulkans Singalang in West-Sumatra erhielt ich im Laufe dieses Frühjahrs eine kleine, aber interessante Ausbeute von Landschnecken, von welcher mir einige Formen neu zu sein scheinen. Es sind:

1. *Trochomorpha javanica* var. *dohertyi* Aldrich, Padang Pandjang, 2 Ex.

2. *Ariophanta sumatrana* Mouss., Ostabhang des Singalang. Von dieser in den Sammlungen noch seltenen Art enthielt die Sendung prachtvolle Exemplare mit einem und mehreren Bändern.

3. *Ar. granaria* Bock, Padang Pandjang, (1 Ex.)

4. *Rhysota humphreysiana* var. *complanata* Mrts. Ebenda (1 Exempl.).

5 *Macrochlamys fulvus* Rolle n. sp.

Testa anguste perforata, depresse conica, tenuis, nitidissima, subtilissime striatula, sculptura spirali nulla, fulva, infra suturam et ad basin pallidior. Spira breviter conica, apice obtuso, sutura marginata. Anfractus 5 leniter accrescentes, superi convexiusculi, in sutura vestigium carinae exhibentes, ultimus obtuse angulatus, angulo versus aperturam decrescente, sed in margine externo haud omnino evanido, antice haud descendens. Apertura ovata, valde lunata, modice obliqua, intus concolor vel levissime margaritaceo-suffusa, peristoma tenue, marginibus valde distantibus, externo ad peripheriam vix conspicue angulato, basali oblique arcuatim ascendente, leviter incrassato, a latere viso valde sinuato.

Diam. maj. 24, mm 21, alt. 14 mm.

Ebenfalls am Singalang. Schon wegen der Grösse mit keiner anderen, von Sumatra bekannten Art zu verwechseln.

6. *Pareuplecta prairieana* Rolle n. sp. (Textfig.)

Testa vix perforata, valde depressa, supra plana spira plus minusve immersa, infra convexa tenuisima, fragilis, nitida, distincte striata, in parte supera anfractus ultimi liris rugulosis spiralibus cincta, infra sculptura spirali nulla, fulva apice saturatiore. Anfractus 3 $^1/_2$, superi vix convexiusculi, regulares, ultimus ad suturam carina super suturam verticaliter prominente et altera distinctissima ad peripheriam rotundata, exserta peculiariter sculptus, super carinam primum convexus et spiraliter liratus, dein excavatus et striis incrementi tantum sculptus, basi valde convexus, striatulus. Apertura modice obliqua irregulariter securiformis, sulco profundo carinae respondente exaratus, fauci-

  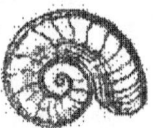

Pareuplecta prairieana Rolle.

Ganesella boettgeri.

bus vix levissime margaritaceis; peristoma tenuissimum, fragile, rectum, marginibus distantibus, minime junctis, supero primum verticaliter ascendente, dein oblique stricteque descendente, ad carinam sinuato, basali regulariter arcuato, columellari breviter subverticaliter ascendente, vix dilatato.

Diam. maj. 28, mm 16, alt. 11 mm.

Eine äusserst merkwürdige Form, die ich vorläufig zu *Pareuplecta* Mlldff. stelle, die aber wohl Anspruch auf Anerkennung als eigene Untergattung machen könnte. Sie ist oben völlig flach, das etwas eingesenkte kleine Gewinde von einem steil zur Naht abfallenden Kiel umgeben. ein noch stärkerer, aber sonst ähnlicher, innen als kanalartige Furche erscheinender Kiel umzieht die hochliegende Peripherie.

Aufenthalt am Singalang, zwei ganz gleiche, tadellos erhaltene Exemplare.

7. *Eulota similaris* var. *subsimilaris* Mousson. Abhänge des Singalang.

8. *Ganesella (Satsuma) boettgeri* Rolle n. sp. (Textfig.)

Testa exacte conica anguste et suboblecte umbilicata, solidula, oblique distincte striatula, pallide lutescens summo fusco, ad suturas et ad carinam anfractus ultimi fascia saturate fusca pulcherrime ornata. Spira regulariter conica. apice acuto, laevi, sutura inter inferos carinato-marginata. Anfractus 7—8 plani, leniter accrescentes, ultimus medio carina exserta compressa cinctus, infra carinam leviter excavatus, dein convexiusculus, distincte striatus, striis hic illic filiformibus. Apertura perobliqua, angulato-ovata, lunata, faucibus leviter fuscescentibus, medio sulco et fascia translucente insignis, peristoma tenuissime albolabiatum, acutum, marginibus vix conniventibus, callo vix conspicuo junctis, externo ad carinam acute angulato, supra primum recto, dein reflexiusculo, basali plane arcuato, reflexiusculo, albo, ad insertionem subfornicatim super umbilicum dilatato.

Alt. 12, diam. 11, 25 mm.

Padang Pandjang, West Sumatra.

Eine der schönsten Formen der Familie.

9. *Plectotropis winteriana* var. *sumatrana* Mouss, Vulkan Singalang.

10. *Chloritis (smithi var.) pandjangensis* Rolle n.

Testa depressa, sed sat alta, aperte et pervie umbilicata, solida, striatula, striis in anfractu ultimo costelliformibus, pilis brevibus confertissimis deciduis regulariter dispositis undique obsita, unicolor fusca. Spira depresse conica, apice parvulo albido vix prominulo, sutura profunde impressa. Anfractus 5 ½ convexi, leniter regulariterque accrescentes, ultimus supra breviter planatus, dein convexus, circa umbilicum obtuse angulatus, antice leniter descendens. Apertura lunato-rotundata, ad basin angulata, faucibus concoloribus; peristoma rosaceo-fuscum, undique reflexum, marginibus distantibus, callo nitore tantum conspicuo junctis, externo bene arcuato cum columellari stricto oblique descendente supra dilatato, a latere viso valde sinuato, angulum distinctum formante.

Diam. maj. 23,5, min. 20. alt. 16 mm.

Padang Pandjang, West Sumatra. Zwei tadellose Exemplare.

Der var. *tabularis* Gude am nächsten stehend.

11. *Amphidromus singalangensis* Rolle n. sp.

Testa minor, exumbilicata, sinistrorsa, ovato-conica, solidula, oblique subtiliter striatula, nitida, lutescens, seriebus macularum fuscarum quadratarum in anfractibus superis, tribus in ultimo, fasciisque latis ad basin pulcherrime ornata. Spira regulariter conica, apice parvo albido, sutura distincte impressa. Anfractus 6 convexiusculi, regulariter accrescentes, ultimus initio $^2/_5$ altitudinis occupans, fascia supera cum serie macularum infera peculiariter confluente, maculis oblique saturatius in eam transeuntibus, infera latiore columellari. Apertura irregulariter piriformis, infra medium dilatata, perobliqua, intus lutescens maculis fasciisque translucentibus. peristoma album, vix incrassatum, tenue, expansum; margo externus subirregulariter arcuatus, columellaris parum dilatatus, appressus, subverticalis, intrans, brevissime reflexus.

Alt. 27, diam. max. 16, alt. apert. 12 mm.

Ostabhang des Singalang. Eine reizende Form aus der Gruppe des *A. sumatranus* Mrts., aber gut verschieden, auch von Prof. Böttger als gute Art anerkannt.

12. *Amphidromus (Goniodromus) bülowi* Fruhst.

Von Padang Sikeh, in 4—5000 Fuss Höhe am Singalang, liegen mir vier Exemplare, darunter ein ganz frisches, meines Wissens das erste lebend gesammelte, vor. Fruhstorfer erwähnt bei der Beschreibung seiner Art (im Nachrbl. 1905, p. 83), dass in Süd-Annam eine „benachbarte" Spezies vorkomme; nach einer mündlichen Mitteilung des Herrn Dautzenberg sind beide absolut identisch. Vielleicht liegt hier eine zufällige Verschleppung vor.

13. *Glessula sumatrana* Martens.   Padang Pandjang.

Herr Prof. Böttger, welcher die Güte hatte, die Sendung durchzusehen, schreibt mir über diese Art: „Wie ich aus Ihren Stücken ersehen habe, ist meine *Glessula javanica* identisch mit der älteren sumatrana Martens; Sie dürfen meine Art deshalb einziehen".

13a. *Clausilia sumatrana* Mrts. Koloe Baroe, Westabhang des Singalang.

14. *Crossopoma planorbulum* Lam. Koloe Baroe am Singalang in 4000 Fuss Höhe. Zwei Prachtexemplare von 34 mm Durchmesser.

15. *Pterocyclus baruensis* Rolle n.

Testa magna latissime umbilicata, discoidea, solida, nitida, striatula, superne oblique rugulosa et malleata, supra fusca, saturatius obsolete maculata et strigata, infra fascia lata castanea plus quam dimidiam anfractuum occupante insignis. Spira immersa, supra anfractum ultimum haud prominens, apice minuto, brevissime conico; sutura impressa. Anfractus 5 regulariter accrescentes, apicales planiusculi, sequentes convexi, penultimus medio angulatus, ultimus angulo superiore obsolescente alteroque parum distincto ad peripheriam cinctus, antice distincte descendens. Apertura obliqua, circularis; peristoma continuum, distincte duplex, internum leviter productum et expansum, supra excisum, externum late reflexum, versus insertionem dilatatum, ad anfractum breviter sed distincte alatum, ala tenui adpressa. — Operculum crassum, angustissime multispiratum, anfractibus externis lamellose prominentibus, ultimo annulum incrassatum formante; margo externus sulcos 2 spirales exhibens.

Diam. maj. 35, min. 30, alt. 15 mm.

Koloe Baroe bei Padang Siketi am Singalang, in 4000 Fuss Meereshöhe.

16. *Cyclophorus pliciferus* Martens. Westabhang des Singalang in 4000' Höhe.

17. *Cyclophorus tuba* Sow. Ebenda.

18. *Pupina (Eupupina) superba* Pfr. Padang Pandjang.

19. *Coptocheilus sumatranus* Dohrn. Ebenda, 2 Ex.

20. *Physa (Isidora) sumatrana* Martens. Padang.

21. *Ampullaria sumatrensis* Phil. Padang.

22. *Vivipara sumatrana* Dkr. Ebenda.

23. *Melania (Melanoides) kobelti* Rolle n.

Testa obesa conico-turrita, solida in adultis plerumque valde decollata, striata, striis praesertim in liris distinctioribus, liris spiralibus, in anfr. superis supera latiore, tribus inferis multo angustioribus, in ultimo omnibus, basalibus exceptis, quam interstitia multo latioribus, cincta. Anfractus superstites vix 5, sutura perprofunda discreti, superi plani, ultimus medium versus convexior, supra subexcavatus et appressus. Apertura elongate-ovata, supra valde attenuata, infra effusa, faucibus laevibus, livide fuscis saturatius limbatis, margo externus tenuis, levissime ad sulcos crenulatus, infra productus, columellaris incrassatus, brevis; basalis distinctius crenulatus.

Alt. (spec. decoll.) 41,5 diam. max. 18, alt. apert. obl. 21, lat. max. 11 mm.

Ebenda. Der Mel. robusta Martens von Celebes am nächsten stehend, aber erheblich plumper und grösser.

24. *Corbicula fluminalis* var. Sumpf bei Padang Pandjang.

Ich benutze diese Gelegenheit, um auch die Diagnose einer Naninide aus der Gruppe Rhysota zu geben, welche ich vor längerer Zeit von demselben Sammler (H. Kibler) erhielt, von welchem auch das Fulton'sche Material aus Nias stammt, die aber offenbar nicht an Fulton gelangt ist.

Nanina (Rhysota) humphreysiana niasensis Holle n.

Testa mediocriter sed pervie umbilicata, depresse conica, solida, ruditer oblique striata et rugis plus minusve spiraliter dispositis ad basin minus distinctis undique sculpta, albida, epidermide adhaerente lutescenti-fusca induta, fascia angusta peripherica suturam sequente ornata. Spira breviter conica lateribus vix convexiusculis, apice acutulo vix pallidiore; sutura impressa anguste fusco marginatai. Anfractus 6 regulariter accrescentes, supremi plani, penultimus convexiusculus, ultimus infra suturam breviter planatus, medio distincte usque ad aperturam angulatus, basi convexior, antice haud descendens. Apertura perobliqua plano irregulari, transverse depresso-ovata, valde lunata, faucibus coerulescenti-albidis; peristoma album, crassiusculum, rectum, marginibus supero et basali fere parallelis, supero medio producto, columellari supra sinuato, ad insertionem breviter dilatato.

Diam. maj. 52, min. 44, alt. 33 mm.

Hab. Nias.

Vermehrung und Lebensdauer der Limnaea stagnalis Lin.
Von
Karl Künkel, Ettlingen.

„Unsere Limnaeen sollen die Fähigkeit besitzen, sich schon fortzupflanzen, bevor das Wachstum der Schale vollendet ist", schreibt A. Lang[1]) auf Seite 445 der Festschrift zu Ernst Haeckels 70. Geburtstage. .

Da ich mich seit 10 Jahren mit der Biologie unserer Schnecken beschäftige und zu diesem Zwecke die Nacktschneckenzucht im Grossen betreibe, nebenbei aber auch Gehäuseschnecken züchte, wobei ich dieselbe Beobachtung

---
[1]) Ueber Vorversuche zu Untersuchungen über die Varietätenbildung von Helix hortensis Müller und Helix nemoralis L. Festschrift zum 70. Geburtstage von Ernst Haeckel, herausgegeben von seinen Schülern und Freunden. Jena, 1904.

machte wie Lang, nämlich die, dass unsere Helixarten erst nach abgeschlossenem Schalenwachstum zur Fortpflanzung schreiten, interessierte ich mich für die Sache und das um so mehr, als Lang durch das Wort „sollen" einen gewissen Zweifel zum Ausdruck bringt.

Am 14. August 1905 holte ich einige Limnaeen nach Hause, und schon am 16. August befand sich in meinem Aquarium der erste Eisatz. Der Schleimcocon enthielt 125 teils längliche, teils kugelige Eier. Erstere hatten einen grossen Durchmesser von 1,68 und einen kleinen von 1,40 mm, während die kugeligen Eier einen Durchmesser von 1,50 bis 1,54 mm aufwiesen. Um die Embryonalentwicklung verfolgen zu können, setzte ich den Eicocon in eine kleine Glasschale. Eine Schwanzblase haben die kleinen Embryonen nicht, wohl aber eine grosse Kopfblase. Sie rotieren im Ei und zwar so, dass die Kopfseite vorausgeht; die Drehungsebene bleibt aber nicht immer dieselbe. Durch Temperaturerniedrigung konnte ich die Rotation verlangsamen oder sistieren und durch Temperaturerhöhung beschleunigen; ganz besonders lebhaft wurde sie bei starker Beleuchtung.

Am 6. September, also 21 Tage nach der Eiablage, hatten die Jungen die Eihülle verlassen. Ich setzte sie in ein Glas, das weiter nichts als Wasser von 18 bis 20° C. enthielt und fütterte sie mit zartem Kopfsalat, den sie sehr gern frassen. Das die Schnecken bergende Glasgefäss wurde wöchentlich einmal gereinigt und ebenso oft das Wasser erneuert. Das Wachstum der Tiere erfolgte sehr ungleichmässig. Am 11. November 1905, also 76 Tage nach dem Verlassen der Eihülle, war das Gehäuse der grössten Tiere 8 mm lang und 5 mm breit.

Im April 1906 suchte ich die zwei grössten Tiere aus und schenkte den andern die Freiheit. Von den zurückbehaltenen Limnaeen erhielt jede ihr besonderes, drei Liter fassendes Glasgefäss. Der Boden wurde mit einer 5 cm hohen Sandschichte bedeckt; darauf wurden einige Kalksteine und Kreidestückchen gelegt, dann das Glas mit Wasser von 18 bis 20° C. gefüllt und die Tiere eingesetzt. Aufgestellt wurden die beiden Gläser in meinem Arbeitszimmer so, dass sie vom Sonnenlicht nicht getroffen werden konnten. Die Nahrung der Schnecken bestand von nun ab aus Kopfsalat und Suppengries. Alle 8 Tage wurden die Gläser gründlich gereinigt und — wie oben angegeben — frisch gefüllt. Den Tag, an dem die Gläser gereinigt wurden, durften die zwei Schnecken gemeinsam in einem Behälter verbringen, weil ich ihnen eine Gelegenheit zur Kopulation geben wollte. In der Tat konnte ich diese nicht nur während der Sommer- sondern auch während der Wintermonate des öftern beobachten. Dabei fungierten die beiden Schnecken abwechslungsweise als Männchen und Weibchen. Gegenseitig, wie bei unseren Landpulmonaten — d. h. so, dass jeder der beiden Partner gleichzeitig als Männchen und Weibchen in Aktion tritt — wurde die Kopula nie ausgeführt und auch nie auszuführen versucht. Was mir sehr auffiel, war die grosse Beweglichkeit des ausgestülpten Penis. Er sieht einer grossen Planarie nicht unähnlich, bewegt sich suchend nach allen Seiten und krümmt sich sehr stark und unter kleinem Bogen gegen die weibliche Genitalöffnung. Seit ich das gesehen, kommt mir die Beobachtung v. Baer's[1]). „dass ein Limnaeus sich selbst befruchtet hatte durch Einbiegung der Rute in seine weibliche Geschlechtsöffnung." gar nicht mehr so merkwürdig vor. Bei der getrennten Lage der männlichen und weiblichen Genitalöffnungen und dem starken Krümmungsvermögen des ausgestülpten Penisschlauches ist eine Selbstbegattung recht gut möglich, und in Ermanglung eines Partners wird sie wohl auch ausge-

---

[1]) Semper. Carl. Beiträge zur Anatomie und Physiologie der Pulmonaten. Inauguraldissertation. 1856, S. 58.

führt werden. Nach A. Lang[1] „wurde für Limnaea wiederholt nachgewiesen, dass von Jugend auf isoliert gehaltene Exemplare entwicklungsfähige Eier ablegen können. Allerdings bliebe hier noch die Frage offen, ob Selbstbegattung oder innere Selbstbefruchtung stattgefunden hat. Lang nimmt innere Selbstbefruchtung an, während Semper (l. c. S. 53) es für sehr wahrscheinlich hält, „dass alle diejenigen, welche die Entwicklung von Eiern aus unbegatteten Tieren beobachtet und zur Erklärung dieses Vorganges eine innere Selbstbefruchtung angenommen haben, nur nicht die bei ihren Schnecken wirklich erfolgte Selbstbegattung bemerkt hatten." Ich selbst glaube, dass bei Limnaea stagnalis beide Fälle eintreten können. In einer grösseren Arbeit werde ich hierauf zurückkommen. Den im Freien lebenden Tieren dürfte es nur ausnahmsweise einmal an einem Partner fehlen; immerhin aber ist die Möglichkeit einer Selbstbegattung, bezw. Selbstbefruchtung, von nicht zu unterschätzender Bedeutung für die Verbreitung und Erhaltung der Art.

Da meine 2 Limnaeen im Schalenwachstum so ziemlich gleichen Schritt hielten, und ihr sonstiges Aussehen dasselbe war, sah ich es nicht ungern, dass sich zwischen den Fühlern des einen Tieres ein dunkler, schmaler Längsfleck ausbildete; an ihm hatte ich ein Unterscheidungsmerkmal. Künftighin bezeichne ich die Schnecke ohne Stirnfleck mit **A**, die mit dem dunklen Stirnfleck mit **B**.

Am 30. Juni 1906 setzte das Tier **A** und am 14. August das Tier **B** die ersten Eier ab. Die Schnecke A war bei der ersten Eiablage 9 Monate 24 Tage alt und ihr Gehäuse 20 mm hoch und 9 mm breit, während B bei der ersten Eiablage ein Alter von 11 Monaten 8 Tagen hatte und ihr Gehäuse in der Höhe 25 mm und in der Breite 12 mm mass.

---

[1] Lehrbuch der vergleichenden Anatomie der wirbellosen Tiere. 2. Auflage. 1900. S. 389 u. 390.

Bis zum 24. Oktober 1906 hatte das Tier A 9 mal, das Tier B 8 mal Eier abgesetzt. Trotz dieser starken Ver-

Tabelle I.
Sie bezieht sich auf das Tier A.

Gelege	Datum	Zwischen zwei Eiablagen verflossen Tage:	Bemerkungen.
1.	30. Juni 06		Gehäuse 20 mm hoch, 9 mm breit.
2.	25. August „	56	
3.	1. Sept. „	7	
4.	5. „ „	4	
5.	11. „ „	6	
6.	14. „ „	3	
7.	24. „ „	10	
8.	5. Okt. „	11	
9.	19. „ „	14	
10.	27. „ „	8	Am 24. Okt. 06 war das Gehäuse 41 mm hoch u. 23 mm breit.
11.	4. Nov. „	8	
12.	16. „ „	12	
13.	30. „ „	14	
14.	17. Dez. „	17	
15.	16. Januar 07	30	
16.	19. Febr. „	34	
17.	5. Mai „	75	
18.	17. „ „	12	
19.	2. Juni „	16	
20.	13. „ „	11	
21.	23. „ „	10	
22.	27. „ „	4	Am 29. Juni 07 war das vollendete Gehäuse 47 mm hoch u. 23 mm breit u. am Rand umgeschlagen.
23.	3. Juli „	6	
24.	10. „ „	7	
25.	20. „ „	10	
26.	31. „ „	11	
27.	15. August „	15	
28.	24. „ „	9	
29.	9. Sept. „	16	
30.	15. „ „	6	

Am 1. Oktober 1907 stirbt Tier A.

mehrung erfuhren die Tiere und ihre Gehäuse einen ganz gewaltigen Zuwachs: Das Gehäuse von A war 41 mm hoch und 23 mm breit und das von B 39 mm hoch und 22 mm breit geworden. Seit der ersten Eiablage hatte also das Tier A die Dimensionen seiner Schale verdoppelt. Vollendet wurde das Wachstum aber erst Ende Juni 1907, wo A eine Gehäusehöhe von 47 mm und eine Breite von 23 mm und B eine Höhe von 43 mm und eine Breite von 22 mm erreicht und sich der Schalenrand stark nach aussen umgeschlagen hatte.

Tier A starb am 1. Oktober und Tier B am 8. September 1907. Geschlüpft waren beide am 6. September 1905; mithin erreichten sie ein Alter von rund 2 Jahren.

Ueber die Vermehrung der beiden Limnaeen geben die neben- und nachstehenden Tabellen Aufschluss.

Das Tier A hatte 30, das Tier B 28 Eicocons abgesetzt. Durchschnittlich enthielt jeder Cocon 100 Eier; mithin hatte die Schnecke A 3000, die Schnecke B 2800 Eier abgelegt. Die letzten Gelege enthielten immer einige Eier mit 3 bis 12 Keimen; aus ihnen schlüpften keine Jungen, weil das im Ei enthaltene Eiweiss zur Ausbildung mehrerer Embryonen nicht ausreichte und sie deshalb zu Grunde gehen mussten. Aber auch etliche Eier mit einem einzigen Dotter lieferten keine Jungen, weil nach der Bildung der ersten Furchungskugeln die Weiterentwicklung ohne jede äussere Ursache eingestellt wurde. Wahrscheinlich waren diese Eier nicht befruchtet.

Obgleich nach meinen Beobachtungen bei jeder der beiden Schnecken aus rund 100 Eiern keine Jungen hervorgingen, ist die Vermehrung doch als eine sehr starke zu bezeichnen. Wären die Lebensbedingungen in der Natur so günstige wie bei meinen Zuchtversuchen, so müssten die

Altwasser, Teiche und Wassergräben mit Limnaeen geradezu überfüllt sein.

Tabelle II.
Sie bezieht sich auf das Tier B.

Gelege	Datum	Zwischen zwei Einblagen verflossen Tage:	Bemerkungen.
1.	14. August 06		Gehäuse 25 mm hoch, 12 mm breit.
2.	1. Sept. „	18	
3.	6. „ „	5	
4.	12. „ „	6	
5.	15. „ „	3	
6.	28. „ „	13	
7.	10. Okt. „	12	
8.	24. „ „	14	Gehäuse 39 mm hoch, 22 mm breit.
9.	1. Nov. „	8	
10.	13. „ „	12	
11.	20. „ „	7	
12.	1. Dez. „	11	
13.	15. „ „	14	
14.	28. „ „	13	
15.	18. Januar 07	21	
16.	20. Febr. „	33	
17.	10. Mai „	79	
18.	28. „ „	18	
19.	5. Juni „	8	
20.	14. „ „	9	
21.	24. „ „	10	
22.	30. „ „	6	
23.	7. Juli „	7	
24.	19. „ „	12	
25.	26. „ „	7	
26.	8. August „	13	Am 29. Juni 07 war das vollendete Gehäuse 43 mm hoch u. 22 mm breit u. am Rand umgeschlagen.
27.	19. „ „	11	
28.	28. „ „	9	

Am 8. September 1907 stirbt Tier B.

Nach Monaten zusammengestellt ergeben sich für:

		Tier A,	Tier B	
Im	Juni 06	1	—	Gelege
„	Juli „	—	—	„
„	August „	1	1	„
„	Sept. „	5	5	„
„	Okt. „	3	2	„
„	Nov. „	3	3	„
„	Dez. „	1	3	„
„	Januar 07	1	1	„
„	Febr. „	1	1	„
„	März „	—	—	„
„	April „	—	—	„
„	Mai „	2	2	„
„	Juni „	4	4	„
„	Juli „	4	3	„
„	August „	2	2	„
„	Sept. „	2	1	„
	Zusammen	30	28	Gelege

Einen Winterschlaf hielten die Limnaeen nicht, und mit Ausnahme der Monate März und April fand die Eiablage das ganze Jahr hindurch statt. Am stärksten war sie, wie nicht anders zu erwarten, in der wärmeren Jahreszeit; dass aber auch im November und Dezember noch je 3 Eiablagen stattfanden, kann nur durch die Zimmerwärme und die gute Ernährung verursacht worden sein.

Aus den angestellten Versuchen ergibt sich: Limnaea stagnalis wird gegen Ende des ersten Lebensjahres, wo sie etwa zur Hälfte erwachsen ist, fortpflanzungsfähig; sie vollendet ihr Wachstum im zweiten Lebensjahre und erreicht ein Alter von rund 2 Jahren.

Nach Versuchen zu schliessen, die ich mit anderen Schneckenarten anstellte, werden in der freien Natur in sofern Verschiebungen eintreten, als Wachstum und Vermehrung während der Wintermonate unterbleiben und der Tod durch Geschlechtserschöpfung etwas später eintritt.

Eine gebänderte Limnaea.

Von

E. Merkel.

Vor einiger Zeit erhielt ich durch Herrn Professor Schimmel in Kreuzburg, Oberschl., zwei Exemplare von Limnaea stagnalis L., welche durch ihre weisse Bänderung meine Aufmerksamkeit in hohem Grade erregten. Beide Exemplare sind bei etwa 6 Umgängen 24 mm lang und reichlich 10 mm breit. Die Form ist durchaus typisch, die Schale ist mit ziemlich reinweissen Spiralbändern geschmückt, im übrigen normal hornfarben. Das eine der beiden Stücke zeigt nur eine, in der Mitte liegende, 0,5 mm breite, weisse Binde, bei dem andern treten drei Gruppen von Bändern auf: die mittlere derselben ist aus fünf sehr schmalen Bändchen zusammengesetzt, welche vollständig miteinander zu einem einzigen Bande zusammengeflossen sind, das am Mündungsrande 3 mm breit ist und nur hier die Zusammensetzung aus Teilbändern erkennen lässt. Die obere Gruppe besteht aus drei ganz getrennten sehr schmalen Bändern, deren beide äussere nur linienförmig sind, die untere Gruppe ist in eine grössere Zahl verschieden breiter Bänder aufgelöst, die an die zarte Streifung mancher Festungsachate erinnern. Bei durchfallendem Lichte erscheinen die Bänder in der Gehäusemündung dunkel und scharf begrenzt, sind also von der hyalinen Bänderung der *Tachea hortensis* Müll. etc. durchaus verschieden.

Zu dem so überaus häufigen Auftreten von Bändern bei den Gehäusen der Schnecken überhaupt steht das fast gänzliche Fehlen derselben bei *Limnaea* bekanntlich im schroffsten Gegensatz; nur eine einzige Art, *L. rugosa* Valenc. in Mexico, besitzt ein schwaches, gelbbraunes Spiralband[1]). Bei dem Anblick einer gebänderten *Limnaea* glaubte

[1]) Conch.-Cab. Mart. — Chemn. I. 17 b. pag. 38.

ich daher zunächst ein Beispiel von Mutation auf dem Gebiete der Malacozoologie vor mir zu sehen. Die nähere Betrachtung zeigte jedoch, dass wir es hier nicht mit Pigmentbändern zu tun haben und die mikroskopische Untersuchung machte es wahrscheinlich, dass die Entstehung der bandartigen Streifen ihre Ursache findet in einer teilweisen Ablösung der Cuticularschicht von ihrer Unterlage, sei jene nun hervorgerufen durch eine von vornherein mangelhafte Bildung der Schale oder durch nachträgliche Zerstörung eines Teiles derselben, vielleicht durch Mikroben. Diese Lockerung der Oberhaut dürfte dann eine veränderte Lichtreflexion zur Folge haben, welche die Bänder weiss erscheinen lässt, wie auch der Schnee und das schäumende Wasser aus demselben Grunde weiss erscheinen. Gleichzeitig bewirkt diese Veränderung auch eine stärkere Absorbierung des durchfallenden Lichtes. Die beobachteten Schalendefekte machen es wahrscheinlich, dass die Erscheinung als eine pathologische aufgefasst werden muss. Rätselhaft bleibt dann aber immer noch der Umstand, dass eine so auffallende Erscheinung während der langen Zeit sorgfältiger und eingehender Forschungen auf unserem Gebiet nicht schon öfter beobachtet wurde. Mir selbst ist aus der Literatur nichts ähnliches bekannt geworden, auch Professor Dr. Boettger und Clessin haben trotz ihrer reichen Erfahrung auf diesem Gebiete nichts derartiges beobachtet[1]).

Wenn ich trotz dessen den Fund vorläufig mit dem Namen Limnaea stagnalis L., *forma fasciata* bezeichne, so geschieht es aus dem praktischen Grunde, hierdurch die Aufmerksamkeit der sammelnden Malakozoologen in höherem Grade auf sie hinzulenken, damit auch solche Oertlichkeiten

---

[1]) Nach einer mir nachträglich zugegangenen Mitteilung Dr. W. Kobelts sind ähnliche Bänderungen von ihm in Iconographie, vol V. no. 1513 und auch im ersten Nachtrag zu seiner Fauna von Nassau p. 16, t. 9, fig. 3, abgebildet und beschrieben, sowie auch an Hyalinen beobachtet worden.

nicht ganz übergangen werden möchten, wo für gewöhnlich nichts anderes als die gemeine L. stagnalis zu finden war. Die Untersuchung des Weichtieres der L. fasciata oder eventuelle Züchtungsversuche mit derselben dürften für die Erklärung der ungewöhnlichen Erscheinung von hohem Interesse sein.

Beiträge zur Molluskenfauna des Ober-Elsass.
Von
E. Voltz.

Wie und wann ist Vivipara fasciata Müll. in die Jll gekommen?

Einer Anregung des Herrn Dr. Kobelt folgend, habe ich mir vorgenommen genau festzustellen, wie und wann Vivipara fasciata Müll. in der Jll heimisch geworden ist.

Durch Schiffe, Flösse etc, kann die Verschleppung nicht stattgefunden haben, da die Jll im Ober-Elsass nicht schiffbar ist. Es muss also die Einwanderung auf anderem Wege zu suchen sein.

Wenn wir eine Karte zur Hand nehmen, so sehen wir, dass die Jll aufwärts einige Kilometer mit dem Rhein-Rhône-Kanal parallel läuft, und zwar von Mühlhausen bis Jllfurt ungefähr 11 km. Der Zwischenraum zwischen Kanal und Jll ist nicht breiter als etwa 80 bis stellenweise 600 m und meistenteils Wiesenland, unterbrochen von einigen Feldern.

Zwischen Mühlhausen und Brünstatt, bei Zillisheim, zwischen Fröningen und Jllfurt sind kleine Schleusen am Kanal angebracht, welche zur Bewässerung der umliegenden Wiesen und Felder dienen. Der Kanal liegt hier durch Dämme geschützt teilweise höher als die Jll. Von den Schleusen ziehen Wassergräben über die Wiesen bis an die Jll. An der Strasse von Brünstatt nach Dornach, bevor man an den Jllberg kommt, ist auf der linken Seite ein

Wassergraben von etwa 1,50 m Tiefe, welcher mit der Jll direkt verbunden ist. Beim Oeffnen dieser Schleusen werden durch das in die Gräben eindringende Wasser eine Masse Mollusken mit geschwemmt. Die ganze Fauna des Kanals mit Ausnahme der grösseren Unioniden kann hier angetroffen werden. So kommt es auch, dass ich im Jll-Hochwasser-Kanal (kurz Ablaufkanal genannt) hunderte von toten Dreissena polymorpha-Schalen angetroffen habe, bis jetzt aber noch kein lebendes Exemplar. Unterhalb der Eisenbahnbrücke, gleich an der ersten Schwelle, findet man die meisten der leeren Schalen; die Lebensbedingungen für Dreissena polymorpha sind in der Jll die denkbar ungünstigsten, da ruhige Stellen zur Ansiedelung und Anheftung nicht vorhanden sind.

Vivipara fasciata Müll. kann meiner Ansicht nach nur auf oben beschriebenem Wege in die Jll gekommen sein. Wie weit sie in der Jll vorgedrungen, und ob sie den Rhein bei Strassburg schon errreicht hat, werde ich später noch feststellen. Im Kanal bei Strassburg wird sie wohl zu finden sein. Im Altrhein bei Eichwald auf Elsässer Seite habe ich Vivipara fasciata selbst gesammelt. Die Stücke sind viel kleiner als die Exemplare der Jll und des Rhein-Rhône-Kanals.

Im Hüninger-Zweig-Kanal habe ich sie noch nicht gesehen.

Ueber das Wann der Einwanderung in die Jll habe ich folgendes in Erfahrung gebracht.

Bei meiner Umfrage bei etwa 30 Fischern, welche schon mehr als 20 Jahre an der Jll und Larg fischen, bekam ich etwa folgendes zu hören. Etwa 16 von den Leuten behaupten, die Schnecke sei sicher noch nicht länger als 12—15 Jahre in der Jll. Ein alter Fischer, der schon über 50 Jahre an der Jll fischt, hat vor etwa 20 Jahren für einen Lehrer, (der Name ist ihm entfallen, da derselbe rasch versetzt worden ist) Wassermollusken gesammelt.

Dieser Mann behauptet bestimmt, Schnecken, wie ich sie ihm gezeigt habe, hätte er damals noch nicht in der Jll gesehen, nur spitze Schnecken (Limnaea stagnalis), grössere und kleinere Muscheln. Dieser Fischer hat mit Wurf- und Schleppnetzen gefischt, welche nach jedem Zug so viel Schlamm und sonstiges Zeug enthielten, dass er Vivipara fasciata unbedingt gesehen haben würde, wenn sie da gewesen wäre.

Ich stelle also hiermit fest, dass Vivipara fasciata Müll. seit ungefähr 15 Jahren in der Jll heimisch geworden ist.

Bei meiner letzten Tour im vorigen Jahre nach dem Schlosse Morimont, habe ich etwa 150 lebende Pomatias septemspiralis mitgebracht, welche ich bei Brünstatt auf Melanienkalk ausgesetzt habe. Bei einem Besuche dahin vor kurzer Zeit habe ich 7 tote und 3 lebende Exemplare angetroffen, also nach einer Zeit von 9 Monaten. Ob sie an dieser Stelle heimisch wird, kann ich noch nicht bestimmt sagen. Ich habe die Schnecke an einer Stelle ausgesetzt, an welcher der Kalk an die Strasse herantritt.

Ueber Flussauspülungen.
Von
D. Geyer, Stuttgart.

Clessin's Mitteilungen über „Die Molluskenfauna des Auswurfs der Donau bei Regensburg" (Nachrichtsblatt 1908 p. 1 ff.) geben mir Veranlassung zu den nachfolgenden Bemerkungen über die Behandlung des Flussgenistes überhaupt wie über die Regensburger Ausbeute im besonderen. Zu meiner Rechtfertigung schicke ich voraus, dass ich im Laufe von 25 Jahren eine grosse Menge Anspülungsmaterial gesammelt und verarbeitet habe und das von Clessin behandelte Gebiet aus eigener Anschauung kenne.

1. Flüsse, die über ihre Ufer treten, können tausende und abertausende von kleinen Schneckenschalen aufheben und fortführen, wenn diese nicht vom Grase zurückgehalten werden. Das ist aber den Sommer über immer der Fall. Es werden also nur die Fluten nach einer rasch verlaufenden Schneeschmelze oder nach überreichen Niederschlägen im Frühjahr eine Beute erwarten lassen. Wo diese abgesetzt wird, kann in den meisten Fällen schon von der Karte abgelesen werden, nämlich immer da, wo eine zur Hauptrichtung wieder zurückkehrende seitliche Abschweifung des Wasserlaufes von einer Böschung begrenzt wird. Hier müssen die Wogen in einem kleineren oder grösseren Winkel aufstossen, wobei sie ihre Last absetzen. Es entstehen an solchen Orten ganze Dünen, aus Gekrümsel bestehend, das der Schwere und der Grösse nach geordnet in der Weise abgelagert wird, dass die kleinsten Bestandteile landeinwärts liegen. Bei starken Krümmungen, wo eine rückläufige wirbelnde Bewegung des Wassers eintritt, werden die Dünen am grössten. Mit Leichtigkeit kann hier Beute gemacht werden. Wir werden das kleinste Geschiebe bevorzugen, weil dieses diejenigen kleinen Molluskenschalen enthält, die wir lebend schwer sammeln. Am besten wird es in Säcke gestopft.

2. Selbstverständlich ist es, dass die Fluten nur das absetzen können, was sie tragen konnten, was spezifisch leichter war als Wasser. Das sind leere und kleine Schalen. Grosse und weitmündige können sich leicht mit Wasser füllen; sie sinken dann und werden zerrieben. Darum fand Clessin von den grossen Limnaeen höchstens kleine Gehäuse, und er nennt es eine „auffallende Erscheinung" (p. 10), dass sie spärlich vertreten waren, wogegen die kleinste Limnaea und die Planorben zahlreich vorkamen. Es konnte nicht anders sein. In gleicher Weise werden sich selten Vitrinen, grosse Paludinen und Neritinen finden. Volle Gehäuse — mit dem lebenden Tier — sinken eben-

fällt im ruhigen Wasser bald zu Boden; wenige retten sich auf einem Wrack aus der verderbenbringenden Flut. Wassermollusken sterben in der Regel im bewohnten Wasser ab, und die Schale bleibt am Grunde liegen und wird vom Schlamm bedeckt. Sie können also nur dann verfrachtet werden, wenn sie etwa beim Schwinden des Wassers hilflos am Strande liegen blieben und starben, so dass die leere Schale trocken wurde und mit Luft sich füllte. Anders liegt der Fall, wenn kräftige Fluten die lebenden Tiere vom Grunde aufheben und stossweise weiter wirbeln. Sie werden aber ihre Last alsbald wieder fallen lassen, namentlich dann, wenn ihre Kraft nach Ueberwindung einer Erhöhung irgend welcher Art erlahmte. Darum finden sich grössere Muscheln oft haufenweise im Bette an der flussabwärts gerichteten Seite der Dämme oder in plötzlich sich eröffnenden Buchten. Die Hauptmenge der ausgeworfenen Mollusken besteht demnach aus kleinen, leeren (toten) Landschneckengehäusen.

9. Sie werden in der Regel nicht weit getragen. Clessin stellt einige Berechnungen an. Bis zu 30 km (pag. 13) halte ich es leicht für möglich. Helix villosa und danubialis brauchen aber nicht 100 km von Günzburg und Dillingen her gekommen zu sein; sie können gerade so gut auch weiter talabwärts gelebt haben, so wenig als Helix unidentata und edentula von den Alpen kommen müssen; H. unidentata z. B. fand ich auch im Gebiet der Altmühl bei Pappenheim und selbst noch unterhalb Regensburg, bei Passau, am Ufer der Donau. Gerade diese Arten finden sich isoliert da und dort zwischen den Alpen und dem Jura, ja noch über denselben hinaus (unidentata bei Aschaffenburg, edentula bei Urach in Württemberg, sowie im Keupergebiet unweit Stuttgart), dass wir, wenn sie bei Regensburg angespült werden, nicht annehmen müssen,

sie stammen von den Alpen, sondern umgekehrt darin einen Beweis dafür zu erblicken haben, dass sie uns näher liegen, als wir bisher annahmen. Vallonia adela ist im ganzen württembergischen Jura zu Hause, wird also auch dem bayerischen nicht fehlen; überdies findet sie sich, wenn schon spärlich, auch im oberschwäbischen Tertiärgebiet. Von Urach (pag. 13) stammen die Regensburger Exemplare keinenfalls, da Urach zum Neckargebiet gehört. Mit Patula ruderata mag es bezüglich der Alpenheimat seine Richtigkeit haben, weil nur ein abgebleichtes Exemplar abgesetzt wurde, wenn nicht auch diese Art näher in der Hochebene sitzt. Doch sind auch mir derartige „vereinzelte" Fälle einer Verschleppung begegnet. Als Regel aber gilt: Die Wasserfluten bringen fast ausschliesslich Talbewohner mit (vergl. pag. 9: Pupilla muscorum sehr häufig, Sterri sehr selten; obwohl die letzere hart über dem Spiegel der Donau in grosser Anzahl an den Kalkfelsen lebt), die sie vom Augenblick des Aufhebens bis zum Eintritt des Höhepunktes der Flut tragen und dann rasch absetzen.

Wie lange dieser Zeitraum dauert, lässt sich schwer sagen, Wassermasse, Talweite, Ufergestaltung und Gefäll sind seine bestimmenden Faktoren. Immerhin aber wachsen jedes Jahr die Fluten mit überraschender Schnelligkeit an und verlaufen gewöhnlich, ehe die Menschen alles das geborgen hatten, was nicht nass werden sollte. In einem regellos gewundenen und bewachsenen Tal ist der Reibungswiderstand an den Ueberschwemmungsufern und am Grunde ein ganz bedeutender. Die über die Ufer tretenden Wasser drängen sich seitwärts zur Talwand; dorthin tragen sie auch ihre Last. Auch wenn wir, wie ich am Neckar Gelegenheit zur Beobachtung hatte, 12 Stunden für das Ansteigen des Wassers annehmen — gewöhnlich dauert es nicht so lange — so ist eine weitgehende Verschleppung der Schneckenschalen ausgeschlossen.

4. Der Anfänger, der bald an vollen Schachteln sich erfreuen möchte, wird die Anspülungen nehmen, wo er sie findet. Wer aber wissenschaftlich arbeitet, wird sie mit Vorsicht behandeln. Keinenfalls dürfen sie ohne weiteres zoogeographisch verwertet werden. Das Regensburger Verzeichnis sagt e i n e s mit unzweideutiger Klarheit: Diese Schnecken stammen n i c h t von Regensburg. Zwar nicht weit davon; doch aber von einem anderen, unter Umständen ganz verschiedenen Orte. Tal und Fels, bayerische Hochebene und Jura, für die Molluskengeographie so ganz verschiedene Zonen haben ihre Beiträge gegeben. An der grossen Heerstrasse liegt alles durcheinander gewürfelt, nach neuen Gesetzen — der Grösse und Schwere — geordnet, was im Leben auseinander lag und auf grundverschiedene Ursachen zurückzuführen ist. Es ist darum oft sehr schwer, ja unmöglich, die Formen auseinander zu halten; es stellen sich Zwischenformen, Uebergänge ein, die in der Natur nicht vorhanden sind, hier aber durch Zusammenwerfen verschiedener Elemente sich eingestellt haben. Ich nenne ein Beispiel: Vallonien sind in Anspülungen gemein; sie aber restlos in pulchella und excentrica, ja pulchella und adela zu scheiden, ist unmöglich. Sammeln wir sie aber im grossen Stile an ihrem Wohnort, dann erledigt sich die Scheidung und Entscheidung glatt. Ich verhandelte in dieser Angelegenheit mit Herrn Dr. Sterki, der dieselben Erfahrungen mit Auswürflingen gemacht. D a r u m s o l l t e n G e n i s t s c h n e c k e n w o m ö g l i c h n i c h t z u r A u f s t e l l u n g n e u e r F o r m e n v e r w e r t e t w e r d e n. Es fehlt den an der Wasserstrasse liegen gebliebenen Landstreichern gewöhnlich alles, was zur Eintragung in das standesamtliche Register notwendig ist: Heimatschein, Abstammungs- und Familiennachweis, und

sie finden sich dafür in einer Gesellschaft, mit welcher sie erst seit gestern Gemeinschaft haben.

In dieser Lage befinden sich die neuen Varietäten von Helix rufescens (pag. 6) und Zua lubrica (pag. 8). Sie sagen von sich, dass sie grösser oder kleiner, höher oder kürzer, dicker oder dünner beschalt, enger oder weiter genabelt seien als ihre Brüder. Abgesehen davon, dass solche Abänderungen bei allen Arten vorkommen, sagen sie nicht, ob das individuelle Eigentümlichkeiten sind oder die Folge von Ernährungsgelegenheiten und Nahrungsmangel, ob es Zufall oder das Produkt besonderer Standortsverhältnisse ist. Im letzteren Fall hätten sie das Recht als Varietät behandelt zu werden, und es ist für die Wissenschaft wichtig, sie kennen zu lernen. Sind sie aber zufälliger und individueller Natur oder die Folge allgemeiner Entwicklungsgesetze, dann brauchen sie nicht besonders benannt oder höchstens als forma behandelt zu werden. Als Findlinge berichten sie aber nicht mehr, als dass sie unglücklicherweise jetzt da seien.

5. Trotzdem sind Anspülungen nicht wissenschaftlich wertlos. Sie können uns die Wege zur Forschung weisen. Wir gehen ihren Spuren nach und suchen die angespülten Schnecken in ihrer Heimat auf. Auf diese Weise bin ich zur Entdeckung der 240 württembergischen Vitrellenquellen gekommen; auf diesem Wege fand ich voriges Jahr den Wohnort einiger seltenen Vertigonen und Vallonien.

Vom grossen Fluss, der uns eine Sammlung verschiedener Formen vor die Füsse gelegt hat, gehen wir zu seinen Zuflüssen, ins Quellgebiet, wo wir jedes einzelne Flüsschen, jede Talschlucht für sich nehmen können. Je kürzer sie ist, desto besser. Sie bietet uns ihre Spezialfauna an, eine Genossenschaft, die im Leben zusammengehörte wie im Tode. Nicht die überallgleichen Talschnecken sinds, die wir erbeuten, es sind die sesshaften Bewohner feuchter Schluchten, stiller Winkel, die im Verborgenen gelebt haben und nach ihrem Tode auch von den Fluten nicht ins offene Land hinausgeführt werden. Haben wir sie endlich in ihrem heimatlichen Winkel in den Anspülungen entdeckt, dann ist noch der letzte Schritt zu machen, derjenige zu ihrem Wohnort. Dann erst sind wir am Ziel. Ich glaube, das muss unser Bestreben sein.

6. Neben dem Auswurf der Flüsse gibt es noch einen zweiten Fall, mit Hilfe des Wassers Naturforschung und zugleich das Sammeln zu betreiben. In weiten Tälern, namentlich aber in Hochebenen bilden sich zur Zeit der Schneeschmelze sog. Grundwasserleiche, d. h. vorübergehende kleine Seen, von Wasser gebildet, das aus dem Grunde aufgestiegen ist, nun eine geschlossene Mulde, eine Vertiefung ausfüllt und alle am Boden liegenden Schalen und leichte Pflanzenreste auf seinen Rücken nimmt. Der Wind treibt die schwimmende Masse nach einer bestimmten Seite, wo sie beim Sinken des Wassers liegen bleibt. Eine Anordnung nach Grösse und Schwere tritt hier nicht ein. In diesen Anschwemmungen finden sich wiederum nur die Schnecken einer engbegrenzten Lokalität zusammen. Nicht der Fluss hat sie gebracht; sie wurden hier geboren, lebten und starben an derselben Stelle und bilden eine Lebensgemeinschaft eigener Art. Die Schneckenschalen zeichnen sich in vorteilhafter Weise von denjenigen des Flussgenistes dadurch aus, dass sie vom Transport nicht beschädigt wurden, dass in ihre Mündung nicht trübes Wasser eingedrungen war und eine lehmige Kruste zurückgelassen hatte, weil das Wasser, das sie trug, aus dem filtrierenden Boden aufgestiegen war.

7. Zum Schlusse noch ein paar Worte über die technische Behandlung des Anschwemmungsmaterials, sowie des Gekrümsels jeglicher Art (Felsenmulm, Quellsand etc.) Etliche Drahtsiebe oder Seiher aus Drahtgeflecht von ver-

schiedener Weite sind dazu unentbehrlich. Kann an Ort
und Stelle schon gesiebt werden, so nimmt man das mit,
was der weiteste Seiher durchgelassen hat und der engste
festhält. Zu Hause breitet man das Kleinzeug aus und
lässt es gut trocken werden. Infolgedessen ziehen sich die
Tiere, wenn solche noch am Leben sind — und es wird
sich immer um solche handeln, die ihrer Kleinheit wegen
nicht aus dem Gehäuse gezogen werden können — tief
in die Schale zurück. Sind nun dem Material mineralische
Bestandteile beigemengt, so werden diese zuerst entfernt,
indem man alles ins Wasser wirft. Was schwerer ist als
dieses, die unorganischen Teile, sinkt zu Boden (Durch-
einanderrühren!), und was leichter ist, Pflanzenreste und
Mollusken, schwimmt entweder oben oder schwebt über
dem Bodensatz und kann abgeschöpft und abgespült werden.
Ist es nötig, die Beute noch zu reinigen, so wird sie im
Siebe (oder in einem Käscher) einem scharfen Wasserstrahl
ausgesetzt und nochmals getrocknet. Nun treten die verschiedenen Siebe in Tätigkeit, um die Arten nach ihrer
Grösse zu trennen. Noch sind aber die massenhaft bei-
gemischten Pflanzenreste da. Will man sie, wenn sie gut
trocken sind, nicht durch Wegblasen in einem Teller,
ähnlich wie man es mit Sämereien tut, entfernen, so
schlägt man ein Verfahren ein, das den Umstand sich zunutze
macht, dass die Molluskenschalen elastisch und gerundet,
die Pflanzenreste aber schlaff, und kantig sind. Ich nehme
daher einen mit Pappe bespannten Rahmen (Zeichenrahmen),
halte ihn geneigt, indem ich das obere Ende mit der linken
Hand lasse und das untere auf einem mit einem Tuch
belegten Tische aufstehen oder schweben lasse. Hierauf
lasse ich mittelst eines Siebes oder mit der rechten Hand
kleine Partien des Schnecken- und Pflanzengemisches am
Oberrand des Rahmens niederfallen und bewege diesen
leicht und rasch hin und her. Obwohl nun alles, was auf dem

Rahmen liegt, sich abwärts bewegt, kommen doch die Schneckchen vor den Pflanzenteilen auf der Unterlage an, und ich stosse die letzteren ab, ehe sie den ersteren nachgefolgt sind. Wollen die Schalen nicht rasch genug aufspringen und abwärts rollen, so helfe ich nach, indem ich mit den Fingern auf den Rahmen trommle. Habe ich nun nahezu eine „Reinkultur" von Schnecken, so besteht die übrige Arbeit im Auslesen der Exemplare und Arten mit Hilfe eines Pinsels oder eines Brieföffners, mit welchem man das Geeignete zusammenschieben, das Wertlose wegstreifen kann. Auf diese Weise schone ich meine Augen, soweit es möglich ist, kürze das Sitzen ab und kann in kurzer Zeit die umfangreichste Beute aufarbeiten.

Kleinere Mitteilungen.

(Erdbeben und Muscheln). Im Nautilus, vol. 20, p. 135 macht R. C. Stearns eine interessante Mitteilung über eine vernichtende Katastrophe, welche in Folge des Erdbebens von San Francisco die Abalones *(Haliotis rufescens* und *H. cracherodii)* an der kalifornischen Küste betroffen hat. Diese Muscheln liefern nicht nur Perlmutter, sondern werden auch namentlich von den Japanern als Nahrung geschätzt. Bei San Pedro befindet sich eine grössere „Cannery", welche hauptsächlich Abalones zu Konserven für China und Japan verarbeitet. Als ihre japanischen Fischer im August vorigen Jahres eine grössere Expedition nach der felsigen Küste von Morro in der County San Louis Obispo unternahmen, fanden sie wohl tausende von Haliotis, aber alle tot und mit einem fettigen, bituminösen Schlamm überzogen, welcher den Meeresboden weithin überzog und die ganze Fauna vernichtet hatte.

Literatur:

Martini-Chemnitz, Conchylien-Cabinet, neue Ausgabe.
Lfg. 520. Vivipara, von Kobelt. — Enthält die Afrikaner und die Gattungen Rivularia und Margarya. Neu Rivularia porcellanea Mldff. p. 164, t. 36, f. 9—12, Jchang am Yangtsekiang.
— 521. Cyclophoridae, von Kobelt. Enthält die philippinischen Cyclophorus. Keine n. sp. — Zum erstenmale abgebildet: C. aetarum Mldff. t. 77, f. 1—4; — daraganicus gigas, t. 77, f. 5—6; — ceratodes Mldff. t. 77, f. 7, 8; — aetarum morongensis n. p. 594, t. 78, f. 1, 2; — daraganicus platyomphalus t. 78, f. 3—5; — tigrinus grandis Mldff. und aculecarinatus Mldff. t. 78, f. 6 bis 10; — picturatus carinulatus Mldff. mss. p. 597, t. 79, f. 3 bis 5; — smithi crassus Mldff. t. 79, f. 9, 10; — prietoi stenochaeta Mldff. t. 79, f. 6—8; — ignilabris Mldff. t. 80, f. 1, 2; — plateni Dohrn t. 80, f. 3—5; — telifer Mldff. t. 80, f. 6—8; — coronensis Mldff. t. 80, f. 9—11; — pterocyclus Mldff. t. 80. f. 12—14; — fruhstorferi Mldff. t. 81, f. 3, 4; und var. langsonensis n. t. 82, f. 1, 2, Langson; — ectopoma Mldff. t. 81, f. 5, 6; — appendiculatus recidivus t. 81, f. 7, 8.
— 522. Helicinidae, von A. Wagner. Enthält Alcadia und den Anfang von Sturanya; — Neu: St. singularis, Wallis Inseln p. 38, t. 6, f. 1—3; — epicharis p. 89, t. 6, f. 7—9, Carolinen; — multicolor vavauensis p. 42, t. 6, f. 13, 14, Vavao; — rubiginosa p. 41, t. 6, f. 18—21, Tongatabu; — Eualcadia n. subg. (Typus A. palliata C. B. Ad.) p. 41; fallax p. 56, t. 8, f. 13—15, Bahamas; — Leialcadia n. subg. Typus A. megastoma C. B. Ad. p. 66; — neobiana Pfr. t. 10, f. 21—25.

Bulletin of the Brooklyn Conchological-Club. Vol. 1 no. 1. Novbr. 1907.
p. 3. Wheat, S. C., Abnormal Shells.
— 5. Smith, Maxwell, a new varietal form of Turbo petholatus.
— 6. Wheat, S. C., Shells in city gardens.
— 7. Weaver, T. W., Phorus conchyllophorus.
— 7. Wheat, S. C., List of Long Island Shells.
— 11. Shall we have an American Conchological Society?
— 12. Dall, W. H., Memorandum of Suggestions for the Organization of a National Conchological Society.

Dall, W. H., Supplementary Notes on Martyns Universal-Conchologist. — In: Pr. U. St. Nat. Museum vol. 33, p. 195—192 (Sep. ausgegeben Decbr. 1907).

Die neue Ausgabe von Chenu stimmt durchaus nicht genau mit dem Original.

Bartsch, Paul, *new marine Mollusks from the West Coast of America.* — In: Pr. U. St. Nat. Mus. vol. 33. p. 177 bis 183.

Enthält neue Cerithiiden. Neu: Seila montereyensis p. 177; — Bittium eschrichti icelum n. subsp. und montereyensie n. subsp., ibid. p. 178; — B. esuriens multiflosum n. sp ibid. p. 179; — B. tumidum p. 179; — B. quadrifilatum ingens p. 180; — Cerithiopsis cosmia p. 180; — C. pedroana p. 181; — Melaxia diadema p. 182.

Suter, H., *Results of Dredging in Hauraki Golf, with descriptions of seven new species.* With pl. — From: Transact. N. Zealand Institute vol. XXXIX, 1906 (ausgegeben Ende 1906) p. 253—265 pl. IX.

Neu: Daphnella conquisita p. 254, t. 9, f. 1; — Trophon pusillus p. 254, t. 9, f. 2; — Odostomia fastigiata p. 256, t. 9, f. 8; — Cerithiopsis crenistria p. 256, t. 9, f. 4; — Rissoina parvilirata p. 258, t. 9, f. 5; — Cyclostrema subtalei p. 259, t. 9, f. 6--8; Anomia furcata p. 263, t. 9, f. 9, 10.

Suter, H., *Notes on and Additions to, the new Zealand Molluscan Fauna.* — Ibid. p. 265—270.

Für eine früher beschriebene Form unsicherer Gattung wird die neue Gattung Neojanacus mit der einzigen Art perplexus n. errichtet und zu den Caprilidae gestellt.

Jhering, H., von, *les Mollusques fossiles du tertiaire et du cretacé superieur de l'Argentine.* — In: Anales del Museo Nacional de Buenos Aires, tomo XIV. 1907. 611 pp. con 18 lam.

Eine sehr wichtige Arbeit nicht nur für den Paläontologen, sondern auch für den Zoogeographen, da sie nicht nur die Aufzählung der Arten enthält, sondern auch eine Geschichte der patagonischen Fauna von der oberen Kreide ab giebt und die Frage der bipolaren Arten und Gattungen in gründlichster Weise erledigt. Wir werden auf diese Abschnitte demnächst eingehender zurückkommen.

Jhering, H. von, *Archhelensis und Archinotis.* — Gesammelte Beiträge zur Geschichte der Neotropischen Region.

Leipzig, Engelmann 1907. — 550 S. mit einer Karte.

Der Autor hat in diesem stattlichen Bande seine Arbeiten über die Vorgeschichte der heutigen neotropischen Fauna, die Fragen nach den alten Landzusammenhängen zwischen Südamerika, Afrika und dem Südkontinent, welche in den verschiedensten Zeitschriften zerstreut und zum Teil recht schwer zugänglich waren, vereinigt und die älteren bis auf den heutigen Stand weitergeführt. Das Buch wird jedem, der für die Grundfragen der Zoogeographie Interesse hat, eine hochwillkommene Gabe sein. Zu einer eingehenden Würdigung fehlt uns hier leider der Raum.

Massy, Miss A. L., Preliminary Notice of new and remarkable Cephalopods from the South-West Coast of Ireland. — In: Ann. N. Hist. (7) vol. XX, Novbr. 1907.

Die von Fischery Branch des Departm. of Agriculture and Technical Instruction in Dublin mit dem Kreuzer Helga von 1901—1907 veranstalteten Tiefseeforschungen haben an Cephalopoden ergeben eine neue Gattung (Helicocranchia Pfefferi n. gen. et sp.), zwei neue Polypus (profundicola und normani), und drei für die britischen Gewässer neue südliche Arten (Gonatus fabricii Licht., Octopodoteuthis sicula Rüpp und Histioteuthis bonelliana Fér.).

Melvill, J. C., & Robert Standen, the marine Mollusca of the scottish National Antarctic Expedition. — In: Transact. Roy. Soc. Edinburgh, vol. 46, part. 1 no. 5. With a plate.

Neu: Tugalia antarctica p. 128, f. 1, Falkland Inseln; — Laevilitorina coriacea p. 130, f. 2, Süd-Orkneys; — Lacuna notorcadensis, ebenda, p. 131, f. 3; — Rissoa edgariana ibid., p. 132, f. 4; Onoba scotiana ibid., p. 133, f. 5; — Cerithiopsis maluinarum Strebel mss., Falkland Inseln, p. 135, f. 6; — Trophon minutus Strebel mss. Süd-Orkneys, p. 137, f. 7; — Nassa vallentini, Falkland Inseln, p. 138, f. 8; — Sipho archibenthalis, Tiefwasser, 3500 m., p. 138. t. 9; — S. crassicostatus, Süd-Orkneys, p. 138, f. 10; — Columbarium benthocallis, Tiefwasser 3500 m., p. 140 f. 11; — Dentalium eupatrides p. 142, f. 12; — Bathyarca strebeli, Tiefwasser 4000 m., p. 144, f. 13; — Lissarca notorcadensis, Süd-Orkneys. p. 144, f. 14; — Modiolarca mesembrina, Falkland Inseln, p. 146, f. 15; — Pecten multicolor, Gough Island, p. 146, f. 21; — P. pteriola, Süd-Orkneys, p. 147, f. 16; —

Amussium octodecim-liratum, Tiefwasser 5000 m., p. 147, f. 17;
— Lima goughensis. Gough Isl., p. 148, f. 18; — Scacchia plenilunium, Falkland Inseln, p. 150, f. 20; — Cuspidarca hracei, Tiefwasser 5300 m., p. 152, f. 19.

Caziot, Comm., *les Migrations des Mollusques terrestres entreles Sous-centres hispaniques et alpiques*. Avec le Concours de M. Fagot. Extrait des Annales de la Societé Linnéenne de Lyon, tome 54, 1907.

Behandelt die Verbreitung von Helix splendida und der Clausiliengruppe Kuzmicia.

Pallary P., *sur l'extension de la Faune équatoriale du Nord-Ouest de l'Afrique et réflexions sur la Faune conchyliologique de la Mediterrante*. — In: Bull. scient. France Belge tome XLI. 1907, p. 421—424.

Der Autor macht darauf aufmerksam, dass die Senegalfauna viel weiter nach Norden reiche, als man seither angenommen, und dass Cap Garnet und der 25° n. Br. durchaus nicht ihre Nordgrenze darstelle, er hat eine Reihe charakteristischer Arten noch erheblich diesseits Mogador angetroffen. — Da nach seiner Zählung von 1120 bekannten Mittelmeerarten mindestens 730 aus dem atlantischen Ozean nachgewiesen sind und die Zahl im Pleistozän noch erheblich grösser war, rechnet er das Mittelmeer zum tropisch-afrikanischen und nicht zum Paläarktischen Faunengebiet. —

Bartsch, P., *the West American Mollusks of the Genus Triphoris* — In: Pr. U. St. Nat. Museum no. 1569, vol. 33, p. 249—262, pl. XIII (12. Dec. 1907).

Neu: Triphoris montereyensis, p. 249, f. 17; — pedroanus p. 251, f. 1; — callipyrgus p. 251, f. 4; — carpenteri (= adversa Carp. nec Mlg.) p. 152, f. 16; — hemphilli p. 258, f. 12; — catalinensis p. 253, f. 18; — stearnsi p. 254, f. 3; — excolpus p. 255, f. 8; — panamensis p. 256, f. 19; — dalli p. 257 f. 14; — galapagensis p. 260, f. 7; — chathamensis p. 261, f. 9; — adamsi p. 261, f. 10. Zum erstenmale abgebildet Tr. inconspicuus C. B. Ad. f. 15; — Tr. alternatus C. B. Ad. f. 11.

Dall, W. H. & P. Bartsch, *the Pyramidellid Mollusks of the Oregonian Faunal Area*. — In: Pr. U. St. Nat. Mus. no. 1574, vol. 33, p. 491—534, pl. 44—48. (31. Dec. 1907).

Neu: Turbonilla gilli p. 493, t. 43, f. 5; var. delmontensis p. 494, t. 44, f. 7; — Chemnitzia montereyensis (nom. nov. für gracillima Gabb nec Carp.) p. 494; — Ch. muricatoides p. 495, t. 44, f. 2; — Strioturbonilla vancouverensis Baird abg. t. 44, f. 1; — St. stylina Carp. desgl. f. 11; — Str. serrae p. 497, t. 44, f. 8; — Pyrgolampros taylori p. 499, t. 44, f. 9; — P. herryi p. 500, t. 44, f. 10; — P. lyalli p. 500, t. 44, f. 4; — P. victoriana p. 501, t. 44, f. 6; — P. valdezi (nom. nov. = gibbosa Dall & Bartsch nec Carp.) p. 502, t. 44, f. 3; — P. durantia Carp. zuerst abgeb. t. 45, f. 5; — P. newcombei p. 503, t. 45, f. 6; — P. oregonensis p. 503, t. 45, f. 2; — Pyrgiscus canfieldi p. 504, t. 47, f. 4; — P. mörchi p. 505, t. 45, f. 1; — P. antestriata p. 506, t. 45, f. 4; — P. eucosmobasis p. 507, t. 45, f. 8; — P. castanea p. 509, t. 47, f. 7; — Mormula lordi Smith abgeb. t. 45, f. 7; — M. eschscholtzi p. 578, t. 45, f. 10; — Odostomia (Chrysallida) cooperi p. 514, t. 46, f. 7; — Chr. satricla p. 515, t. 46, f. 1; — Chr. montereyensis p. 516, t. 46, f. 4; — Chr. negonensis p. 516, t. 46, f. 10; — Ividia navisa p. 517, t. 46, f. 2; subsp. delmontensis p. 518, t. 46, f. 8; — Jolaea amianta p. 519, t. 46, f. 9; — Menestho pharcida p. 520; t. 46, f. 8; (= Od. tenuis Carp. nec Jeffr.); — M. harfordensis p. 521, t. 46, f. 5; — M. exara p. 521, t. 46, f. 6; — Evalea tillamookensis p. 522, t. 47, f. 1; — E. angularis p. 523, t. 47, f. 2; — E. jewetti p. 523, t. 47, f. 3; — E. inflata Carp. mm. p. 524, t. 47, f. 8; — E. columbiana p. 525, t. 47, f. 9; — E. deliciosa p. 525, t. 47, f. 5; — E. tacomarensis p. 526, t. 47, f. 10; — E. valdezi p. 526, t. 48, f. 2; — E. tenuisculpta Carp. abg. t. 47, f. 6; — P. phanea (nom. nov. = gouldi Dall & Bartsch nec Carp.) p. 528, t. 48, f. 7; — Amaura kennerleyi p. 529, t. 48, f. 8; — A. satura Carp. abgeb. t. 48, f. 5; nuciformis Carp. t. 48, f. 8; var. avellana f. 1; — A. montereyensis p. 531, t. 48, t. 6; — A. gouldi Carp. abgeb. t. 48, f. 4.

Eingegangene Zahlungen:

J. Stussiner, Laibach, Mk. 6.—; Franz Wertheim, Grunewald-Berlin, Mk. 6.—; W. Paessler, Berlin, Mk. 6.—; Carl Freiherr v. Löffelholz, München, Mk. 6.—; Sanitätsrat Dr. R. Hilbert, Sensburg, Mk. 6 —; H. Becker, Grahamstown, Mk. 12.—; Prof. Dr. O. Stoll, Zürich, Mk. 6.—; J. Zinndorf, Offenbach, Mk. 6.—; G. Schacko, Berlin, Mk. 6.—; M. M. Schepmann, Rhoon bei Rotterdam, Mk. 6.—; A. Weber, München, Mk. 6.—; H. Suter, Auckland, Mk. 6.—; Ludwig Henrich, Frankfurt a. M., Mk. 6.—; Prinzessin Therese von Bayern, Kgl. Hoheit, München, Mk. 6.—: A. Gysser, Strassburg i. Els., Mk. 6.—; Erich Spandel, Nürnberg, Mk. 6.—; Geh. Regierungsrat E. Friedel, Berlin, Mk. 6.—; Dr. Ed. Ensiln, Fürth i. B. Mk. 6.—; Rob. Jetschin, Palschkau, Mk. 6.—; Bernhard Liedtke, Königsberg i. Pr., Mk. 6.—; Dr. med. Flach, Aschaffenburg, Mk. 6.—; Geh. Hofrat Professor Dr. W. Blasius, Braunschweig, Mk. 6.—; Direktor Professor Dr. O. Reinhardt, Berlin, Mk. 6.—; H. Arnold, Nordhausen, Mk. 6.—; E. Bülow, Berlin, Mk. 6.—; Professor K. Schmalz, Berlin, Mk. 6.—; O. Riemenschneider, Nordhausen, Mk. 6.—; Pfarrer G. Nägele, Waltersweier, Mk. 6.—; Fürst zu Salm-Salm, Anholt, Mk. 6.—; Paul Godet, Neuchatel, Mk. 4.85; Karl Künkel, Ettlingen, Mk. 6.—; Naturhistorisches Museum, Wiesbaden, Mk. 6.—; S. Clessin, Regensburg, Mk. 6.—; Dr. A. Krause, Gr. Lichterfelde, Mk. 6.—; Zoologisches Museum, Mk. 11.80; Alexander Baron Tiesenhausen, Kimpolung, Mk. 6.—; Naturhistorisches Museum, Lübeck, Mk. 6.—: D. Geyer, Stuttgart, Mk. 6.—; Reichs-Museum, Leiden, Mk. 6.—; Carl Natermann, Hann.-Münden, Mk. 6.—; K. L. Peiffer, Kassel, Mk. 6.—; Prof. P. S. Pavlovic, Belgrad, Mk. 6.—; Prof. A. Lang, Zürich, Mk. 6.—; Kroat. Zool. Landesmuseum, Agram, Mk. 6.—; V. von Koch, Braunschweig, Mk. 6.—; Naturforschende Gesellschaft, Görlitz, Mk. 6.—; Zoologisches Institut der Universität Kiel, Mk. 6.—; Direktor O. Wohlberedt, Triebes, Mk. 6.—; Professor Dr. K. Miller, Stuttgart, Mk. 6.—; Kgl. Naturalienkabinett, Stuttgart, Mk. 12.—; A. Dollfus, Paris, Mk. 12.—; Dr. J. Hofer, Wädenswil, Mk. 12.—; Dr. R. F. Scharff, Dublin, Mk. 6.—; Museum, Tromsö, Mk. 6.—; K. K. Kustos Dr. Rud. Sturany, Wien, Mk. 6.—; Kustos Dr. J. Thiele, Berlin, Mk. 6.—; Staatsrat Dr. O. Retowski, St. Petersburg, Mk. 6.—; Aarg. Naturforschende Gesellschaft, Aarau, Mk. 6.—; Bryant Walker, Detroit, Mk. 6.—; Professor J. Niglutsch, Trient, Mk. 6.—; Apotheker Jos. Schedel, München, Mk. 6.—; Marchese di Monterosato, Palermo, Mk. 6.—; Chas. S. Johnson, Boston, Mk. 6.—; Paul Pallary, Eckmühl-Oran, Mk. 6.—; Carnegie-Museum, Pittsburgh, Mk. 6.—; Städt. Museum für Natur-Völker- und Handelskunde, Bremen, Mk. 6.—; Zoologisches Institut der Universität, Breslau, Mk. 6.—; Paul Hesse, Venedig, Mk. 6.—; Grossh. Naturhistorisches Museum, Oldenburg, Mk. 6.—; Naturhistorisches Museum, Hamburg, Mk. 6.—

Nachrichtsblatt
der deutschen
Malacozoologischen Gesellschaft.

Vierzigster Jahrgang.

Das Nachrichtsblatt erscheint in vierteljährigen Heften.
Abonnementspreis: Mk. 6.—.
Frei durch die Post im In- und Ausland.

Briefe wissenschaftlichen Inhalts, wie Manuskripte u. s. w. gehen an die Redaktion: Herrn Dr. **W. Kobelt** in **Schwanheim bei Frankfurt a. M.**
Bestellungen, Zahlungen, Mitteilungen, Beitrittserklärungen u. s. w. an die Verlagsbuchhandlung des Herrn **Moritz Diesterweg** in **Frankfurt a. M.**
Ueber den Bezug der älteren Jahrgänge und der Jahrbücher siehe Anzeige am Schluss.

Mitteilungen aus dem Gebiete der Malacozoologie.

Beiträge zur Molluskenfauna des Ober-Elsass.
(Fossile Schnecken und Muscheln der Umgebung von Mülhausen).
Von
Emil Volz.

Topographische und hydrographische Uebersicht.[1]

Das Gebiet zerfällt in zwei deutlich verschiedene, scharf von einander getrennte Teile, eine Ebene und eine sich von Süden nach Norden senkende wellige Platte. Die Platte ist von zahlreichen kleinen, tief eingeschnittenen Wasserläufen durchfurcht und bildet einen von Süden nach Norden vorgeschobenen Keil, der durch die Linie Sierenz, Dietweiler, Habsheim, Rixheim, Mülhausen, Pfastatt, Lutterbach und Reiningen begrenzt wird.

[1] Diese und die folgenden Angaben sind Dr. B. Förster Geologischer Führer für die Umgebung von Mülhausen entnommen.

Die Ebene gehört dem Flussgebiete des Rheines, der Jll, der Doller und der Thur an.

Das ziemlich steil aus der Ebene emporsteigende Hügelland erreicht im Süden bei Steinsulz eine Höhe von 450 m, im Norden auf der Lutterbacher Höhe 260 m, im Osten bei Geispitzen 306 m und im Westen bei Balschweiler 305 m.

Es wird im grössten Teil durch das Flussgebiet der Jll entwässert; nur wenige kleine Bäche fliessen dem Rhein zu, versinken jedoch beim Austritt in die Ebene im Rheinkies.

Die Jll tritt bei Oberdorf in das Gebiet ein. Sie hat eine durchschnittliche Breite von 91 m, eine mittlere Tiefe von 1,70 m und eine mittlere Geschwindigkeit von 48,5 m auf die Minute.

Längs der Jll und der Larg liegt der Rhein-Rhône-Kanal. Sowohl die Ebene wie das Hügelland sind reichlich bewaldet, die erstere in etwas grösserem Massstabe als die letztere.

Geologische Uebersicht und Lagerungsverhältnisse.

Die Ebene wird ausgefüllt durch Flussschotter; die Hügellandschaft ist durch alttertiären Untergrund bedingt, der von Ober-Pliocän und Löss überlagert wird.

Im grossen ganzen ist die Lagerung der Schichten horizontal, doch kommen auch Sattel- und Muldenbildungen, mit teilweise stark geneigten Schichten vor.

Ausserdem sind Störungen der regelmässigen Schichtenfolge in Folge von Verwerfungen und Ueberschiebungen mehrfach bekannt.

Das Alter dieser Dislokationen lässt sich nicht genau bestimmen; jedenfalls sind sie jünger als Oberoligocän, da dieses noch mit betroffen wurde. Jünger und unabhängig von der vorigen sind Schichtenstörungen mit lokalem Charakter, die im Jlltale häufig vorkommen.

Die Jll läuft von Oberdorf bis Altkirch in den Sanden und tonigen Mergeln des Meeressandes. Letztere saugen sich voll Wasser und bilden glitschige Flächen, an denen dann an steilen Stellen die aufliegenden Kiesmassen des Deckenschotters nach dem Tale zu gleiten.

Im Mai 1891 rutschte bei Jllberg, nördlich von Hirzbach eine 3000 cbm haltende Geröllmasse, über welche ein Fahrweg führte, mit sammt den darauf stehenden grossen Bäumen den steilen Abhang hinunter und bildete 20 m tiefer einen kleinen Hügel. Die Mergel des Meeressandes bilden gleichfalls die Unterlage des Bahndammes zwischen Altkirch und Dammerkirch, und dieser erleidet deshalb vielfach Senkungen und Abrutschungen, so dass die Verwaltung auf diese Strecke ihr besonderes Augenmerk richten muss.

Beschreibung der Schichten.
I. Unter-Oligocän.

Die ältesten zu Tage tretenden und durch Bohrungen bekannt gewordenen Schichten gehören dem Unter-Oligocän an. Dasselbe tritt in zwei verschiedenen Facies, einer mergligen und einer kalkigen auf. Die Mergel sind einesteils dunkelblau gefärbt (blaue Mergel), andernteils grau, sandig und wechsellagern mit Sandsteinen. Die grauen Mergel führen entweder Gyps (Gypsmergel) oder Petroleum (Petroleumsandmergel).

In der Kalk-Facies sind der Melanienkalk und die Mergel und Kalke mit Helix cf. Hombresi[1]) zu unterscheiden. Da Versteinerungen weder in den Gyps- noch in den Mergelschichten zu finden sind, so kommt für die Malacologen nur der Melanienkalk in allen seinen Schichten in Betracht. Der Name Melanienkalk stammt von Sandberger[2]) der eine Beschreibung der Kalke von Kleinkems und Brunstatt nebst den damals daraus bekannten Schnecken gegeben hat.

Der Melanienkalk kommt auf der linken Seite der Jll zwischen Heidweiler und Dornach, auf der rechten Seite

---

[1]) B. Förster „Die Gliederung des Sundgauer Tertiärs". Seite 137. 1888.
[2]) F. Sandberger, „Die Land- und Süsswasserconchylien der Vorwelt", Wiesbaden, 1870—75.

der Jll zwischen Lümschweiler, Brubach und Rixheim vor. Bei Kleinkems ist er in einer Mächtigkeit von 12 m, bei Rixheim und Brunstatt von 20 m über Tage aufgeschlossen.

Die oberen Schichten zeichnen sich durch massenhaftes Vorkommen von Schnecken, die in den unteren Schichten nur vereinzelt vorhanden waren, und durch das erste Auftreten von Melania muricata S. Wood in gesteinsbildender Menge aus.

Die hier gefundenen Weichtiere[1]) sind folgende:

1. *Neritina brevispira* Sandb.

Kleinkems und Jllfurt.

Förster, S. 25, Taf. IV, Fig. 1 a. b.[2])

2. *Melania albigensis* Noul.

Ueberall häufig im Melanienkalk; besonders grosse Exemplare bei Niederspechbach. Die Art ist ausserordentlich veränderlich, ziemlich beständig scheinen eine schlanke Form mit wenig Querrippen und wenigen Knoten, und eine breitere, mit mehr Querrippen und zahlreicheren Knoten zu sein. Die grösste Höhe beträgt 66 mm, die grösste Breite der letzten Windung 22 mm. Teilweise ist auch noch die dunkelbraune Färbung erhalten.

Förster, S. 26, Taf. IV. Fig. 2 a—o.

3. *Melania muricata* S. Wood.

Sehr zahlreich im oberen Melanienkalk von Riedisheim und Brunstatt, vereinzelt bei Didenheim.

F., S. 27, Taf. IV, Fig. 3.

4. *Melanopsis Mansiana* Noul. var.

Ueberall ziemlich häufig. Diese Form unterscheidet sich von der typischen im Paläotherienkalk von Süd-Frank-

---

[1]) Im Melanienkalk von Kleinkems sind die Schneckengehäuse oft noch mit der Schale erhalten, während an den verschiedenen Fundpunkten im Sundgau meist nur Abdrücke und Steinkerne vorkommen.

[2]) Beziehen sich auf die von Förster nach der Natur gezeichneten Figuren in seinem Geol. Führer f. d. Umgebung von Mülhausen.

reich vorkommenden, durch ihre nicht so stark verlängerte Spitze.

F., S. 27, Taf. IV, Fig. 4.

5. *Melanopsis carinata* Sow.

Häufig bei Tagolsheim.

F., S. 27, Taf. IV, Fig. 5.

6. *Melanopsis percarinata* n. sp.

Häufig bei Kleinkems und Tagolsheim, selten gut erhalten. Förster hat sie als besondere Art von der ihr nahestehenden M. carinata abgetrennt. Sie ist schlanker und spitzer und zeigt noch schärfere Nahtkanten. Ferner hat dieselbe 10 Umgänge, während M. carinata Sow. nur 8 haben soll, und die letzte Windung, welche bei M. carinata nur ⅓ der ganzen Höhe erreicht, die halbe Höhe beträgt.

F., S. 27, Taf. IV, Fig. 6.

7. *Hydrobia indifferens* Sandb.

Nicht besonders häufig.

F., S. 28, Taf. IV, Fig. 7.

8. *Hydrobia cf. subulata* Desh. sp.

Sehr schlank und dadurch von der etwas kleineren und dickeren H. indifferens zu unterscheiden.

F., S. 28, Taf. IV, Fig. 8.

9. *Hydrobia cf. Sandbergeri* Desh. sp.

Bei Brunstatt nicht selten in der zerfressenen Schicht.

F., S. 28, Taf. IV, Fig. 9.

10. *Valvata circinata* Mer. sp.

Ueberall häufig.

F., S. 28, Taf. IV, Fig. 10 a, b.

11. *Nystia polita* F. Edw. sp.

Bei Brunstatt ziemlich selten, sehr häufig dagegen in einem alten Steinbruch am südlichen Abhang des Mönchsberges an der alten Strasse von Mülhausen nach Brubach.

F., S, 28, Taf. IV, Fig. 11 a—g.

12. *Planorbis goniobasis* Sandb.
Häufig in den obersten Schichten bei Tagolsheim.
F., S. 29, Taf. IV. Fig. 12a, b, c.
13. *Planorbis lens* Al. Brgnt.
Bei Rixheim und Flaxlanden häufig.
F., S. 30, Taf. IV, Fig. 13.
14. *Planorbis patella* Sandb.
Bei Kleinkems und Brunstatt.
F., S. 29, Taf. IV. Fig. 14.
15. *Planorbis cf. bourpoilensis* Carey var.
Häufig bei Tagolsheim.
F., S. 29, Taf. IV, Fig. 16.
16. *Planorbis cf. polycymus* Font.
Bei Brunstatt selten.
F., S. 29, Taf. IV, Fig. 15a, b, c.
17. *Limnaeus cf. marginatus* Sandb.
Diese Art ist ausserordentlich veränderlich. Ueberall häufig. F., S. 29, Taf. IV, Fig. 17 a—s.
18. *Limnaeus politus* Mer. ined.
Auch diese Art ist sehr veränderlich. Ueberall ziemlich häufig.
F., S. 30, Taf. IV, Fig. 18 a—i.
19. *Limnaeus subpolitus* Andreae.
Diese Art ist etwas schlanker und höher als die vorige. Ueberall, jedoch nicht häufig.
F., S. 30, Taf. IV, Fig. 19 a—i.
20. *Limnaeus crassulus* Desh.
Bei Brunstatt und Rixheim selten.
F., S. 30, Saf. IV, Fig. 20 a—d.
21. *Glandina cf. costellata* Sow. sp.
Bei Kleinkems sehr selten.
F., S. 20, Taf. IV, Fig. 21 a, b.
22. *Strobilus pseudolabyrinthicus* Sandb.
Bei Brunstatt und Flaxlanden nicht häufig.

F., S. 31, Taf. IV, Fig. 22 a, b, c.

23. *Patula Werveki* n. sp.

Häufig bei Didenheim und Flaxlanden, ein grosses Exemplar von Heidweiler.

F., S. 31, Taf. IV, Fig. 23 a—f.

24. *Nanina Koechlini* Andreae.

Brunstatt, Rixheim, Didenheim, ziemlich selten.

F., S. 21, Taf. V, Fig. 1 a—d.

25. *Helix cf. Cadurcensis* Noul.

Brunstatt und Rixheim.

F., S. 31, Taf. V, Fig. 2 a—d.

26. *Helix* sp.

Nur ein Steinkern dieser Art von Brunstatt und einige zusammengedrückte Exemplare von Rixheim, daher nicht genau zu bestimmen.

F., S. 31, Taf. V, Fig. 3.

27. *Megalomastoma mumia* sp.

Ueberall häufig.

In dem nicht mehr im Betrieb befindlichen Steinbruch an der Alten Strasse von Mülhausen nach Brubach kommen neben sehr schön erhaltenen Exemplaren auch zahlreiche Jugendexemplare mit nur 5 Windungen vor.

F., S. 32, Taf. V, Fig. 4 a—g.

28. *Auricula striata* Förster.

Ueberall häufig, besonders gute Exemplare bei Kleinkems.

F., S. 32, Taf. V, Fig. 6 a—d.

29. *Auricula alsatica* Mer.

Ueberall zahlreich. Besonders gut erhaltene Steinkerne in dem vorhin erwähnten Steinbruch an der alten Strasse von Mülhausen nach Brubach.

F., S. 32, Taf. V, Fig. 5 a—f.

30. *Auricula Sundgoviensis* Andreae.

Ueberall häufig, doch meist schlecht erhalten.

F., S. 32, Taf. V, Fig. 7.

31. *Fascinella eocenica* Stache (in litt).

Ein Abdruck aus der zerfressenen Schicht von Brunstatt gleicht so sehr in Grösse und Form der oben erwähnten Figur von F. eocenica, dass er hier eingereiht werden muss.

F., S. 33, Taf. IV, Fig. 24.

32. *Sphaerium Bertereauae* Font.

Bis jetzt nur bei Tagolsheim gefunden; vielleicht haben wir es hier mit der von Merian[1]) aus dem Süsswasserkalk von Mülhausen erwähnten Cyclas zu tun.

F., S. 33, Taf. V, Fig. 8.

33. *Limnaeus brachygaster* Font.

Kleinkems.

F., S. 35, Taf. V, Fig. 9.

34. *Helix cf. Hombresi* Font.

Kleinkems, zahlreich.

F., S. 35. Taf. V, Fig. 10.

35. *Helix cf. comatula* Sandb.

Kleinkems häufig.

F., S. 35, Tag. V, Fig. 11.

II. Mittel-Oligocän.

Die Verbreitung des Plattigen Steinmergels fällt ungefähr mit der des Melanienkalkes zusammen. Ausser bei Kleinkems findet sich derselbe zwischen den Ortschaften, Mülhausen, Didenheim, Fröningen, Niederspechbach, Heidweiler, Aspach, Wittersdorf, Lutterbach, Obersteinbrunn, Brubach, Zimmersheim, Rixheim und Riedisheim.

Der Plattige Steinmergel tritt nur an einzelnen von Löss entblössten Stellen zu Tage und liegt meist auf dem Melanienkalk. Diese Plattigen Steinmergel sind in ihren unteren Schichten eine Süsswasserbildung, die teilweise einen brackischen Charakter zeigt, und sind ausserordentlich reich an Versteinerungen, besonders an Pflanzen und Insekten.

---

[1]) P. Merian. Ueber die im Süsswasserkalk der Umgebung von Mülhausen aufgefundenen Schalthiere. Basel 1848. S. 33—35.

Weichtiere wurden hier folgende gefunden:

1. *Cerithium submargaritaceum* A. Braun var.
Kapellen-Steinbruch von Brunstatt.
F., S. 50, Taf. V, Fig. 17a, b.

2. *Hydrobia Dubuissoni* Bouillet.
Im Plattigen Steinmergel von Brunstatt.
F., S. 50, Taf. V, Fig. 19a, b.

3. *Planorbis* sp.
Eine sehr kleine Planorbis-Art, die meist platt gedrückt und nie gut erhalten und deshalb schwer zu bestimmen ist; am meisten Aehnlichkeit hat sie noch mit Pl. depressus Nyst., doch ist sie um die Hälfte kleiner als diese.
Brunstatt. F., S. 51, Taf. V, Fig. 18b.

4. *Euchilus Chastelii* Nyst. sp.
Brubach und Lümschweiler häufig.
F., S. 51, Taf. V, Fig. 20a—d.

5. *Mytilus socialis* A. Braun.
Sehr zahlreich bei Kleinkems, nicht selten bei Brubach und in dem Aufschluss auf dem Wege von Mülhausen nach Zimmersheim.
F., S. 51, Taf. V, Fig. 21a—d.

6. *Cyrena semistriata* Desh.
Die Art bleibt in der Grösse hinter der typischen Form zurück. Bleicher[1]) hat sich in seiner unten erwähnten Arbeit eingehend mit den verschiedenen Formen aus dem Plattigen Steinmergel beschäftigt und ist zu dem Resultat gekommen, dass alle unter der obigen Art zu vereinigen sind. Besonders häufig im Kapellen-Steinbruch von Brunstatt, sonst bei Brubach und Lümschweiler.
F., S. 51, Taf. V, Fig. 22a—c.

Sandige Mergel (eigentlicher Meeressand.)
Der eigentliche Meeressand ist aufgeschlossen bei Heidweiler, Eglingen, östlich von Hagenbach am Rhein-Rhone-

---

[1]) Bleicher „Recherches sur le terrain tertiaire d'Alsace et du territoire de Belfort, et Etudes de stratigraphie et de paleontologie animale. Bull. Soc. hist. S. 1—44 Colmar 1885.

Kanal, bei Wolfersdorf westlich von Dammerkirch, an einzelnen Stellen zwischen Dammerkirch und Altkirch, bei Altkirch und im Jlltal von Altkirch bis Grenzingen. Folgende Versteinerungen sind im eigentlichen Meeressand gefunden worden, und zwar bis auf wenige bei Wolfersdorf im Sand.

1. Adeorbis decussatus Sandb.
2. Natica Nystii d'Orb.
3. Chenopus speciosus Schloth. var. oxydactylus Sandb.
4. Murex Deshayesi Nyst.
5. Fusus elongatus Nyst.
6. Pleurotoma sp.
7. Pleurotoma cf. Selysii de Kon.
8. Hydrobia Dubuissoni Bouillet.

Sehr zahlreich östlich von Hagenbach. Kommt auch im Plattigen Steinmergel vor.

9. Cyclostrema sp.

Es ist nur ein Exemplar von der Grösse von C. rotellaeforme gefunden worden, von welcher Art es sich durch das Fehlen von Längsstreifen unterscheidet.

10. Ostrea cyathula Lam.
11. Ostrea callifera Lam.
12. Modiola cf. angusta A. Braun.

Bei Hagenbach sehr zahlreich

13. Pecten decussatus v. Münst.
14. Pecten pictus Goldf.
15. Pectunculus obovatus Lam.
16. Nucula piligera Sandb.
17. Nucula cf. Greppini Desh.
18. Lucina undulata Lam.
19. Cardium scobinula Mer.
20. Cardium cingulatum Goldf.
21. Cyprina rotundata Braun. Sehr grosse Exemplare.
22. Cytherea incrassata Sow.
23. Cytherea splendida Mer.

24. Psammobia Meyeri Andreae.
25. Tellina Nystii Desh.
26. Corbulomya sp.
27. Corbula gibba Olivi.
28. Corbula suburata Sandb.
29. Corbula sp.
30. Neaera sp.
31. Panopaea Heberti Bosy.

III. Ober-Oligocän.

Bildungen, welche wir dem Ober-Oligocän zurechnen können, sind nur in geringerer Mächtigkeit in unserem Gebiete vorhanden.

Der Kalk mit Helix cf. rugulosa kommt bei Altkirch, Lünschweiler, Kötzingen, bei Brubach, auf dem Schlüsselberg, bei Niederspechbach und Niedersteinbrunn vor. Er ist stets dem unteren Haustein concordant aufgelagert und besteht aus Kalksandsteinen, mürben, erdigen und harten, spröden Kalken und Mergeln. Die Kalke eignen sich meist gut zum Brennen. Die Fossilien liegen gewöhnlich in den Kalken, bisweilen auch in den Kalksandsteinen.

An Weichtieren sind folgende gefunden worden:
1. *Melania Nystii* Duch. var. *inflata* Sandb.

Zahlreich bei Kötzingen, Altkirch und Niedersteinbrunn, seltener bei Niederspechbach.

2. *Hydrobia Dubuissoni* Bouillet.

Häufig bei Kötzingen und Niederspechbach. Kommt auch im Plattigen Steinmergel bei Brunstatt und im eigentlichen Meeressand östlich von Hagenbach vor.

3. *Planorbis cf. Boniliensis* Font.

Häufig bei Kötzingen in verschiedenen Grössen.

Es finden sich bei Niederspechbach und Altkirch Planorben, welche ganz platt gedrückt sind und deshalb nicht bestimmt werden konnten.

4. *Limnaeus subpalustris* Thomae.
Bei Niedersteinbrunn und Niederspechbach.
5. *Limnaeus coenobii* Font.
Niedersteinbrunn, Lümschweiler und Altkirch.
6. *Limnaeus obesus* n. sp.
Gleicht sehr dem L. crassulus, wird aber bedeutend grösser als dieser. Häufig bei Kötzingen.
7. *Limnaeus procerus* n. sp.
Diese Art ist bedeutend schlanker als L. fusiformis Sow., mit welcher sie früher[1]) verglichen worden ist. Niedersteinbrunn, Kötzingen und Altkirch.
8. *Sphaerium porrectum* n. sp.
Ist gestreckter als Sphaerium Bertereanae Font. und wird etwas grösser. Zahlreich bei Altkirch.
9. *Helix cf. rugulosa* v. Mart.
Zahlreich bei Kleinkems und Kötzingen.

IV. Pliocän und Pleistocän.

Der Deckenschotter nimmt den südlichen Teil des Gebietes ein und tritt an den Abhängen des Illtales von Oberdorf bis Altkirch zu Tage; ferner ist er in der Mergelgrube bei Wolfersdorf aufgeschlossen. Versteinerungen sind bis jetzt im Deckenschotter nicht gefunden worden. Der ältere Hochterrassenlöss enthält nur wenige Kalkspathkörner und verkalkte Röhrchen. Auch im älteren Löss sind Versteinerungen bis jetzt noch nicht gefunden worden. Dagegen enthält der mittlere Löss zahlreiche Schnecken und zwar folgende Arten:

1. *Helix arbustorum* L. var. *alpestris* Sandb.
Schönensteinbach, Weg nach Zimmersheim, Pfastatt.
2. *Helix hortensis* Müll.
Nur wenige Stücke bei Habsheim.
3. *Helix* sp.
Nur 2 Exemplare mit verletzter Mündung bei Habsheim.

---
[1]) Förster B., „Die Gliederung des Sundgauer Tertiärs" S. 171.

4. *Helix villosa* Drap.

Zwischen Mülhausen und Zimmersheim sowie bei Tagolsheim.

5. *Helix sericea* Müll. var. *glabella* St.

Unterscheidet sich von H. hispida durch einen engeren Nabel, ferner ist bei H. hispida der innere untere Rand der Mündung stets mit einer weissen Lippe belegt, welche bei H. sericea meistens fehlt.

6. *Helix pulchella* Müll.

Ueberall häufig.

7. *Cyclostomus* sp.

Nur ein Exemplar von Habsheim, bei welchem die Mündung abgebrochen ist.

8. *Hyalinia crystallina* Müll.

Häufig.

9. *Hyalinia fulva* Müll.

Häufig.

10. *Succinea oblonga* Drap. typ.

Ueberall häufig.

11. *Succinea oblonga* Drap. var. *elongata* Braun.

Bei Walheim selten.

12. *Clausilia parvula* Studer.

Zwischen Mülhausen und Zimmersheim, Tagolsheim und nördlich von Illfurt.

13. *Clausilia dubia* Drap.

Nur wenige (4) Exemplare von Zimmersheim und bei Tagolsheim. Die Schale ist ausserordentlich zerbrechlich.

14. *Cionella lubrica* Müll. sp.

Zwischen Mülhausen und Zimmersheim, vereinzelt bei Tagolsheim.

15. *Pupa secale* Drap.

Bei Pfastatt, Fröningen, Tagolsheim.

16. *Pupa dolium* Drap. var. *plagiostoma* Braun.

Stellenweise häufig.

17. *Pupa muscorum* L.
Ueberall häufig.
18. *Pupa pygmaea* Drap.
Bei Tagolsheim selten.
19. *Pupa columella* v. Mart.
Bei Tagolsheim selten.
20. *Limax agrestis* L.
Sierenz und Tagolsheim.

Obige Zusammenstellungen wollen nicht den Anspruch auf Vollständigkeit erheben. Fleissiges Sammeln wird aus den verschiedenen Ablagerungen gewiss noch manches neue zu Tage fördern.

Ausser den angeführten Schnecken-Versteinerungen gibt es noch viele Pflanzen-, Insekten- und Wirbeltier-Versteinerungen, welche aber nicht hierher gehören. Wer sich nicht scheut in der Umgebung von Mülhausen Exkursionen zu machen, sei es zum Sammeln, sei es zum Verständnis der geologischen Verhältnisse, der wird gewiss für seine Mühe reich belohnt werden. Denn „Welchen Weg Du auch wählst, immer wirst Du erfreut sein über die Schönheit des Sundgaus, die vielen wundervollen Ausblicke auf die Vogesen, Jura, Schwarzwald, ja selbst die schneeigen Gipfel des Berner Oberlandes grüssen Dich auf Deinen Wanderungen. Du wirst erstaunt sein über die Fülle des Neuen, das sich Dir in nächster Nähe bietet. Der Ort, den Dir ein gütiges Geschick zur Heimat gegeben, soll Dir nicht fremd sein, lerne ihn kennen und Du wirst ihn lieben.

Die Molluskenfauna des Kreises Sensburg in Lebensgenossenschaften.
Von
Dr. R. Hilbert, Sensburg.

Etwa 20 Jahre hindurch sammelte ich im Kreise Sensburg Mollusken und glaube nun wohl zu einem gewissen Abschluss gekommen zu sein.

Die Molluskenfauna dieses beschränkten Gebietes ist eine ausserordentlich reiche, und zwar liegt dieses weniger an meiner langen Sammeltätigkeit, als an der sehr abwechslungsreichen Oberflächenbeschaffenheit der Gegend.

Obwohl das hiesige Klima rauh ist — der Kreis Sensburg liegt unter dem 54° n. Breite und im Zuge des Uralisch-Baltischen Höhenzuges zwischen 450—600' über dem Meeresspiegel — was selbstverständlich für die Entfaltung eines reichen Tierlebens nicht besonders förderlich ist, so werden diese ungünstigen Bedingungen dadurch paralysiert, dass Bodenbeschaffenheit und Gliederung des Geländes abwechslungsvoll und reich sind. Flächen mit sandiger Beschaffenheit wechseln mit solchen von lehmiger oder mergeliger Beschaffenheit ab; stellenweise wird die Hügellandschaft von tief einschneidenden waldigen Schluchten durchschnitten, grosse und kleine Wasserbecken, Bäche und Moore unterbrechen in grosser Anzahl die Kulturflächen, steinige Endmoränen, die Ueberreste der Glacialzeit, und Wälder mit Laubhölzern oder von gemischtem Bestande beleben in grossen und kleinen Beständen das Landschaftsbild.

Nur in geologischem Sinne ist die Gegend einförmig, da sie als ehemaliges Glacialgebiet durchweg dem Diluvium angehört. An keiner Stelle tritt Tertiär, wie in anderen Teilen der Provinz, zutage.

Dieser grossen Mannigfaltigkeit der Lebensbedingungen entspricht nun auch ein ebenso reiches Molluskenleben. Die nun folgende Aufzählung der Mollusken des Kreises Sensburg soll nicht eine systematisch geordnete sein, sondern die Tiere sollen in geographische Gruppen, in Wohngenossenschaften vereinigt vorgeführt werden.

1. Sonnige, trockene Orte.

Sonnige, trockene Orte sind namentlich die Endmoränenzüge, die stellenweise Hügelketten von aufeinandergetürmten Granitblöcken bilden. Hier haben sich die Ueberreste der Steppenflora erhalten: Anemone silvestris L., Aster Amellus L., Oxytropis pilosa L., Silene chlorantha Erh. und andere halten solche Standorte besetzt. An diesen im Gebiete der Endmoränen belegenen Oertlichkeiten, insbesondere im östlichen und südlichen Teile des Kreises (Proberg, Jakobsdorf, Volmarstein, Westufer des Mukersees) lebt Zua lubrica Müll. und Carychium minimum Müll. Namentlich die erstere, ist wohl die einzige Schneckenart, die die steinigen mit kurzem, trockenen Grase bewachsenen Endmoränenzüge bewohnt. Sie besitzt daher ein blankes, stark Licht reflektierendes Gehäuse zur Reflexion des Sonnenlichtes an heissen Tagen und eine turmförmige Gestalt und graue Farbe um sich leicht und gewandt verbergen und der Bodenfärbung anpassen zu können. Erheblich seltener, und zwar an den trockenen und steilen Ufern des Juno- und Czarnasees findet man Helix strigella L.; bei grosser Trockenheit und Hitze klebt sich diese Schnecke gern mit ihrer Mündung an die Unterseite der Blätter der Weidengestruppe fest, um auf diese Weise der austrocknenden Wirkung der sommerlichen Wärme zu entgehen.

2. Feuchte Wiesen und Grabenränder.

Die Feuchtigkeit zieht die Schneckenwelt in erheblich höherem Grade an. Der weiche und mit Schleimhaut bekleidete Körper dieser Tiere bedarf des Wassers in Form der natürlichen Bodenfeuchtigkeit, wie ja auch der Sammler, wie bekannt, bei Regenwetter stets eine beträchtlich grössere Ausbeute an Arten wie auch an Individuen zu erzielen pflegt. Das Gras der Grabenränder wird von Succinea putris L, S. oblonga Drap., S. Pfeifferi Rossm. und S. elegans Risso belebt, während man auf den Wiesen Helix hispida L., Caecilianella acicula Müll., Pupa pygmaea Drap. und P. muscorum L. sowie Hyalina crystallina Müll. findet. Bei trockenem Wetter trifft man diese Tiere am sichersten unter Steinen oder an Weidenstümpfen an. Im ganzen sind

Oertlichkeiten dieser Art im Kreise Sensburg selten und bedürfen daher keiner näheren Charakteristik.

3. Die bewaldeten Schluchten.

Die tief in den Uralisch-Baltischen Höhenzug einschneidenden Schluchten des Gebietes tragen auf ihren meist recht steilen Wänden mächtige Kiefern und ein dichtes, aus Haselnuss, Euvonymus, Ribes rubrum L., R. alpinum L., Carpinus betulus L., sowie Weiden und Pappeln bestehendes Unterholz. Durch die Sole pflegt ein, meist reissend über die Granitblöcke dahin eilender Bach zu fliessen, so in der Polschendorfer Schlucht, der Epheuschlucht, der Steinschlucht u. a. m. Derartige Schluchten sind von der Kultur noch unberührt und beherbergen daher ein reiches ursprüngliches Tier- und Pflanzenleben[1]). Hier ist die Schneckenfauna wieder eine ganz andere: auf dem Boden und an Baumstämmen zuweilen in die Höhe kriechend bemerkt man hier die Nacktschnecken Limax agrestis L., L. tenellus Nilss., L. arborum Bouch-Chantr, sowie den Arion Bourguignati Mab. Weiter leben hier: Zonitoides nitidus Müll., Vitrina pellucida Müll., Patula pygmaea Drap., Petasia bidens Müll., Helix rubiginosa Zgl., Pupa edentula Drap., alles tiefe Schatten und feuchte Luft liebende Formen. Nur die sonst an derartigen Orten lebenden Clausilien fehlen hier durchaus. Woran dieses liegt, vermag ich nicht zu erklären. — An derartigen Lokalitäten lebt auch die Weinbergschnecke, Helicogena pomatia L. Diese findet sich aber im Kreise Sensburg nur bei dem Dorfe Seehesten, in der Nähe der Ruinen einer alten Burg des deutschen Ritterordens. Diese Tiere waren hier im Nordosten Deutschlands ursprünglich nicht einheimisch; sie wurden aber durch die Ordensritter, die sie als Fastenspeise gebrauchten, eingeführt. Sie haben sich nun seit Jahrhunderten an den Orten, an denen sie

---

[1]) Hilbert. Die Flora der Polschendorfer Schlucht. Schrift. d. Phys. Ges. zu Königsberg, 1898. S. 146.

einst ausgesetzt wurden, erhalten, aber wegen ihrer geringen Marschfähigkeit nirgends weiter verbreitet, so dass sie durch ihre Anwesenheit heute geradezu einen zoologischen Beweis für eine ehemalige Ansiedlung des Ordens liefern.

An den Steinen im Bette des wilden Waldbachs (Polschendorfer Schlucht) kleben die spitzen Gehäuse von Ancylus fluviatilis Müll. und in den flutenden Strähnen des Wassermoses (Fontinalis antipyretica L.) suchen und finden Deckung gegen den reissenden Strom und das Zerschmettertwerden an Steinen die kleinen Muscheln von Calyculina lacustris Müll.

4. Der Hochwald.

Der Hochwald ist hier zumeist ein Mischwald. Kiefern, Birken, Eichen, Fichten, und namentlich Weissbuchen (Carpinus betulus L.) wechseln miteinander ab und bilden teils Gemische, teils mehr oder weniger geschlossene reine Bestände. Nadelholzwaldungen sind meist kahl, während Laubholzbestände eine reiche Unterholzflora zeigen. Der Boden des Hochwaldes ist mehr oder weniger hügelig und oft von Schluchten durchsetzt.

Die Schneckenwelt des Hochwaldes zeigt nun wieder ein anderes Gepräge. Sie ist natürlich dort wieder am reichsten entwickelt, wo die Bedingungen für sie die günstigsten sind, also dort, wo eine üppige Vegetation Schatten und feuchte Luft gewährleistet. Im dichten Gebüsch finden wir hier: Tachea hortensis L., Fruticicola fruticum L., nebst den Varietäten: var. rufula, fasciata, cinerea, turfica. Diese Schnecken sind aber selten und nur an zwei Stellen: Cruttiner Forst und Wald von Eichmedien zu finden. Häufiger sodann treten auf: Hyalina petronella Charp., H. fulva Müll., H. radiatula Ald., Acanthinula aculeata Müll. und im Mulm und unter der Rinde halbverfaulter Baumstämme: Vallonia pulchella Müll., V. costata Müll., Patula rotundata Müll. und P. ruderata Stud. Die letzt angeführte Schnecke, Patula ruderata Stud., ist ganz besonders dadurch interessant, dass sie sonst nur im hohen Norden und im Hochgebirge vorkommt, mithin bei uns als Relikt der Eiszeit zu betrachten ist. Sie findet sich im Sensburger Stadtwald, in Stobbenforst und im Walde von Collogienen. In der Königl. Forst[1]) Radschang hat Prof. Braun auch noch Hyalina contracta West. Helix aculeata Müll. und Pupa substriata Jeff. gefunden.

5. Der Fluss.

Als Prototyp eines Flusses hiesiger Gegend möchte ich den Cruttinnfluss, im Süden des Kreises belegen, schildern. Derselbe besitzt eine Tiefe von 1—2 Meter und eine durchschnittliche Breite von 15—20 Meter. Das Wasser dieses Flusses fliesst schnell dahin und ist krystallklar, so dass man auf dem Grunde jeden Stein und die mit Trümmern von Molluskenschalen wie übersäte Sole respektive den Boden stellenweise in langhinflutenden Büscheln bedeckenden Pflanzenwuchs aufs deutlichste wahrnehmen kann. Seine Ufer steigen mit steiler Böschung 10—15 Meter hoch an und sind dicht bewaldet. Erlen- und Weissbuchenlaub überdacht stellenweise den Fluss. Der Kahn gleitet in grüner Dämmerung dahin.

In Folge des stärker bewegten Wassers der Flüsse und der damit für die Weichtiere bestehenden Gefahr der Collission mit harten Gegenständen, durch die leicht eine Zertrümmerung verursacht werden könnte, ist die Beschaffenheit der Bewohner der Flussläufe eine andere als die der Bewohner der Seen. Fest verankert in dem steinigen Bett des Flusses stecken die hart- und festschaligen Unionen, deren Schalen auch einem kräftigen Anprall an einen Steinblock gewachsen sind. Katzenfluss und namentlich der Cruttinnfluss beherbergen Unio rostratus Lam., U. tumidus Philps. U. batavus Lam. und namentlich die var. crassus Retz. des letztgenannten in Exemplaren mit äusserst soliden und festen

[1]) Dieses Blatt, 1903, S. 1.

Schalen. Nur da, wo üppiger Pflanzenwuchs, Potamogetonen, Characeen, Najas major All. etwas Schutz gewähren, befestigen sich Sphaerium mammillanum West. und Sph. solidum Norm. an den flutenden Pflanzenstengeln. — Die meisten Wasserschnecken sind nicht im Stande dem scharfen Anprall des Flusswassers Widerstand zu leisten. Nur an ruhigen Stellen findet man: Limnaea ovata Drap., Planorbis marginatus Drap., Pl. carinatus Müll., Pl. crista L. nebst var. cristatus Drap., Valvata piscinalis Müll. und Neritina fluviatilis L. Alle diese Schnecken haben eine rundliche oder scheibenförmige Gestalt, um so dem andringenden Wasser besser Widerstand leisten zu können, oder sich leichter, ohne Schaden für das Gehäuse, rollen lassen zu können.

6. Der See.

Die Seen des Kreises Sensburg sind zumeist von beträchtlichem Flächeninhalt. (Spirdingsee mit 100 ☐-km.) Ihre Tiefe ist nicht bedeutend und überschreitet selten 60 Meter, so dass von einer Tiefenfauna in ihnen keine Rede ist. Ihre Uferzone ist teils sandig, teils schlammig und an letzteren Orten am Rande von Phragmites communis L., Juncus-Arten, Sagittaria sagittifolia L. und anderen, und weiter hinaus von einem dichten Pflanzengewirre, bestehend aus Potamogeton, Elodea canadensis Rich. & Mich., Nymphäaceen u. s. w. besetzt. Die Ufer sind bald mit Wald oder Buschwerk bestandene Steilufer, oder sie laufen flach in Wiesen- oder Moorgelände aus[1]).

Entsprechend dem im vorhergehenden Abschnitt gesagten finden wir die Muscheln und Schnecken der Seen von ganz anderer Beschaffenheit. Statt der festschaligen Unionen treten in dem schlammigen oder auch sandigen Grunde der Seen, aber stets in deren Uferzone und nur bei

---

[1]) Braun, Ostpreussens Seen, Schr. 7. Phys. Oekon. Ges. Z. Zgl. 1903, S. 33.

gleichzeitig vorhandenem Pflanzenwuchs, der ihnen noch
weiteren Schutz gewährt, die grossen Anodonten: Anodonta
cygnea L., A. cellensis Schröt., A. piscinalis Nilss., A. anatina L. und A. complanata Zgl., nebst ihren verschiedenen
Formen auf. Diese grossen Muscheln gehören bei dem Reichtum an Seen über den der Kreis Sensburg verfügt zu den
häufigsten Vorkommnissen. Einzelne Exemplare davon erreichen ausserordentliche Dimensionen: so gibt es Individuen
von A. cygnea von 20 cm Länge, (Magistratssee). Erheblich
seltener sind die kleinen Muscheln: Sphaerium corneum L.,
Sph. Draparnaldii Cless. und Sph. duplicatum Cless., sowie
Pisidium amnicum Müll. und P. supinum Schmidt. Die
häufigste aller Muscheln in den Sensburger Seen ist aber
die berühmte Wandermuschel Dreissensia polymorpha Pall.,
die in Klumpen mit ihrem Byssus an Steinen, versunkenem
Holz und grösseren Muscheln angeheftet, zu hunderttausenden unsere Gewässer bevölkert, obwohl sie erst zu Anfang
des vorigen Jahrhunderts von Osten her einwanderte. Sie
macht durch reichliche Formenbildung ihrem Namen: polymorpha alle Ehre.

Die Schnecken, die im ruhigen Wasser und durch
Röhricht geschützt, nicht der Gefahr des Zerbrechens
ausgesetzt sind, haben hier auch nicht nötig schwere
und unbequeme Gehäuse zu bilden. Sie strecken sich
aus diesem Grunde gern und verwenden den Ueberschuss an Kalksalzen zur Bildung, zwar dünnschaliger, aber
grosser, entweder hoch aufgetürmter oder breitmündiger
Gehäuse, so die grosse, bis 70 mm hohe Limnaea stagnalis
L. und die weitmündigen L. auricularia L. und L. ampla
Hartm., welche in zahllosen Formen und Abänderungen
die grossen Seen bewohnen. So findet man ganz besonders
grosse und schöne Exemplare von L. stagnalis var. producta
Colb., im Glemboko-See bei Sternwalde, Kr. Sensburg. Von
weiteren grossen Schnecken, die im ruhigen Wasser der

Seen leben, findet man: Paludina vivipara Rossm., P. fasciata Müll. und Planorbis corneus L. Auch diese ziehen durchaus mit Pflanzenwuchs bestandene Gründe vor, die ihnen, als Pflanzenfressern, die notwendige Nahrung gewähren. Aber auch mittelgrosse und kleine Wasserschnecken treiben hier ihr Wesen, so: Limnaea peregra Müll., L. truncatula Müll., Physa fontinalis L., Planorbis riparius Westerl., Pl. nitidus Müll., P. rotundatus Poiret. P. glaber. Jeffr., Bythinia tentaculata L., B. ventricosa Gray. und an den Blättern von Nymphäaceen: Ancylus lacustris L.

Erstaunlich ist der Reichtum an Individuen, vor allem in den grösseren Seen wie Muckersee und namentlich Spirdingsee. Im Frühling und im Herbst werden durch Stürme Muscheln und Schnecken, insbesondere Paludinen und Limnaen, in solchen Mengen ausgeworfen, dass kilometerweit die Gehäuse dieser Tiere in handhohen Schichten an den Ufern liegen, so dass der Sammler nur auf knirschenden Molluskenschalen dahinschreitet.

7. Tümpel und Moore.

Tümpel, grössere und kleinere Moore, sowie vertorfende Teiche und Seen giebt es im Kreise Sensburg in grosser Anzahl. Fauna und Flora dieser Oertlichkeiten bieten, im Vergleich mit Fauna und Flora ähnlicher Formationen in andern Teilen Deutschlands, keine grossen Verschiedenheiten dar.

Die Molluskenfauna der Tümpel, Gräben und Sölle zeichnet sich durch Kleinheit der Individuen aus, was an dem Mangel an Nahrung, der dort herrscht, liegen dürfte. Es leben hier sowohl die kleinsten Süsswassermuscheln wie Pisidium fossarinum Cless. und P. obtusale Pfeiff., wie auch die kleinsten Süsswasserschnecken: Planorbis contortus L., P. vortex L., P. vorticulus Trosch. P. Spirorbis L., P. septemgyratus Zgl., Valvata macrostoma Steen., V. depressa Pfeiff., V. cristata Müll. Zuweilen trifft man in derartigen kleinen Gewässern auch grössere Schnecken an, wie Paludina vivipara Rossm. oder Planorbis corneus L., letzteren in der Varietät var. elophilus Bgt. Diese sind dann aber stets verkümmert und zeigen Erosionen am Wirbel und auch an sonstigen Stellen der Gehäuse.

Ganz besonders ungünstig liegen die Verhältnisse für Weichtiere in den Moorgewässern. Ich sah in solchen nur die Aplexa hypnorum L. mit leichten, zerbrechlichen Gehäusen und Limnaea palustris var. corvus Gmel., letztere aber wider Erwarten in grossen starkschaligen Gehäusen trotz der bekannten Kalkarmut der Moore. Auch dieser Befund liefert wieder den Beweis, dass der Kalkgehalt des Bodens respektive des Wassers für den Bau der Schale der Mollusken nicht allein massgebend ist, entsprechend dem Befund an den dicken Schalen von Margaritana margaritifera L. in den kalkarmen Bächen der Urgebirgsformation und dem von Helix arbustorum L. auf Granitfelsen und im kalklosen Tertiärgebiet der Samländischen Küste, worauf ich bereits früher aufmerksam gemacht habe[1]. — Schliesslich möchte ich noch auf die interessante Tatsache hinweisen, dass die letztgenannte starkschalige Schnecke, Limnaea palustris var. corvus Gmel. einen Moortümpel auf dem Grunde eines tiefen Kessels nahe der Stadt Sensburg bewohnt, der sich sowohl durch seine geologische Beschaffenheit wie auch durch das Vorkommen einer Gletscherweide, Salix myrtilloides L. als ein ehemaliges Gletscherstrudelloch, einen sogenannten Gletschertopf erwiesen hat.[2]

Die hier aufgeführte Molluskenfauna des Kreises Sensburg dürfte wohl auch ohne viele Aenderungen als die Fauna des ganzen Uralisch-Baltischen Höhenzuges anzusehen sein, da im Verlauf dieser Hügelketten Klima wie auch Bodenbe-

---

[1] Hilbert. Weitere Beiträge zur Preussischen Molluskenfauna. Ebenda, 1907. S. 155.

[2] Hilbert. Zur Charakteristik der Standorte unserer Reliktenflora. Die Natur 1891. S. 115.

schaffenheit ungefähr dieselben bleiben. Dass in dieser
Fauna die Wasserbewohner, Muscheln und Schnecken, beträchtlich sowohl an Arten- wie an Individuenanzahl die
Landbewohner überragen, liegt nicht nur an dem Wasserreichtum der Seenplatte (mancher Kreis hat mehr Wasserals Landoberfläche) sondern auch daran, dass Wassertiere
weniger an ein bestimmtes Klima gebunden sind, sich auch
in ihrem Element leichter zu verbreiten im Stande sind.

Während man die Landfauna des besprochenen Gebietes wohl als eine verarmte westliche Fauna betrachten
könnte, so lässt sich solches von der Wasserfauna kaum
behaupten, da diese entschieden den Vergleich mit der
Wasserfauna anderer Gebiete in jeder Beziehung aushalten
kann. In Artenreichtum, Individuen-Anzahl und Grösse der
erwachsenen Gehäuse können sich die Gewässer der Seenplatte mit denen jeder andern Gegend durchaus messen.

Die Aufzählung von Varietäten und Formen, deren der
Kreis Sensburg eine beträchtliche Anzahl beherbergt, habe
ich in dieser Schilderung absichtlich unterlassen, um nicht
durch Eingehen ins Detail die Uebersicht über das Gesamtbild zu erschweren. In dieser Beziehung muss ich auf meine
letzte Arbeit die diese Dinge für das Gebiet der Provinzen
Ost- und Westpreussen bringt, verweisen.

Die Molluskenfauna des Rheinauswurfes bei Speyer.

Von

S. Clessin.

Im Jahre 1906 hatte ich Gelegenheit bei einem kurzen
Aufenthalt in Speyer den im Auswurfe des Rheines sich
vorfindenden Conchylien meine Aufmerksamkeit zu widmen.
Im Ganzen finden sich im Genist dieselben Arten, welche
in jenem der Donau und wahrscheinlich auch der anderen
grösseren Flüsse vorkommen. Dennoch ergeben sich auch

manche Verschiedenheiten sowohl bezüglich des Auftretens einiger Arten, die durch die geographische Lage bedingt wird, als auch bezüglich der Varietäten der häufiger sich findenden Spezies.

Beim Aufzählen der Arten werde ich diese Differenzen hervorheben.

Verzeichnis der Arten.

Gen. Vitrina.
1. *Semilimax diaphana* Drp. s. s.

Gen. Hyalina.
2. *Euhyalina cellaria* Müll. s. s.
3. *Polita nitens* Mich. s. s.
4. „ *petronella* Charp. s. s.
5. *Crystallus crystallina* Müll. h. Die Art ist lange nicht so häufig wie im Donaugenist.

var. *subterranea* Bourg. s.
6. *Crystallus rhenanus* n. sp.

Gehäuse klein, niedergedrückt, von weisslicher Glasfarbe, durchsichtig mit glatter glänzender Oberfläche, Umgänge 4—6, langsam zunehmend, der letzte mehr als doppelt so breit als der vorletzte; Gewinde ganz flach. Die Umgänge nach aussen wenig gewölbt; dieselben greifen auf der Oberseite so sehr übereinander, dass der letzte Umgang sehr breit und das Gewinde sehr flach wird. Mündung verhältnismässig eng, halbmondförmig, Nabel eng.

Durchm. 3,3 mm, Höhe 1,2 mm.

Die Art steht dem *Cryst. Andreaei* Böttg. von Delemont im Schweizer Jura am nächsten, nur ist der letzte Umgang statt „fere duplo latior" — plusquam duplo latior wie Dr. Böttger mir mitteilt. Von der genannten Art ist nur ein Exemplar bekannt, das wahrscheinlich im Hildesheimer Museum liegt. Im Auswurf des Rheines ist die vorstehend beschriebene Art nicht selten.

7. *Conulus fulvus* Müll. s. Im Donaugeniste häufiger und finden sich in selbem nicht selten meist grössere Exemplare.

Gen. Zonitoides Lehm.
8. *Zonitoides nitida* Müll. h.

Gen. Patula Held.
9. *Patularia rotundata* Müll. s. s.
10. *Punctum pygmaeum* Drap. s. s. Beide Arten sind im Donaugeniste sehr häufig.

Gen. Helix L.
11. *Vallonia pulchella* Müll. h. h.

var. *excentrica* Sterki h.

12. *Vallonia costata* Müll. h.
13. *Trigonostoma obvoluta* Müll. h.
14. *Trichia sericea* Drap. s. Im Donauauswurf häufig.
15. „ *plebeja* Drap. s. Die Art fehlt im Donaugenist, sie findet sich lebend in der Schweiz und im westlichen Frankreich, scheint aber demnach auch im oberen Elsass vorzukommen, wenn man nicht annehmen will, dass die Exemplare aus der Schweiz stammen.
16. *Trichia hispida* L. s.

var. *nana* Jeffr. s. s.

„ *nebulata* Mke. s. s.

Die Art ist im Donauauswurf ungemein häufig, namentlich die weit genabelten Formen, die hier gänzlich fehlen. Ebenso fehlen im Rheingenist alle zum Formenkreis der *Tr. rufescens* gehörige Arten, die ebenfalls an der Donau sowohl an der Zahl der Individuen als an Varietäten ungemein reich auftreten.

17. *Trichia villosa* Drap. s. s.

Nur 2 sehr abgebleichte Stücke.

18. *Dorcasia fruticum* Müll. s.

Kein gebändertes Exemplar.

19. *Monacha incarnata* Müll. h.

Auch kleinere Exemplare mit nur 12 mm Durchmesser.

20. *Arionta arbustorum* L. h.

vor. *depressa* Held. h.

Sofort auffallend ist der Unterschied zwischen Donau- und Rheingenist-Exemplaren. Die Gehäuse des letzteren haben durchaus ein flacheres Gewinde als die ersteren. Unter den mir vorliegenden Exemplaren ist nicht eines, das sich zur Varietät *trochoidalis* stellen lässt, welche Varietät an der Donau die vorherrschende ist, während flache Gehäuse gar nicht vorkommen. Auch fehlen am Rhein sehr helle und dunkelgefärbte Stücke, ebenso wie die var. *alpicola*. Es erscheint dies um so auffallender als die beide Flüsse begrenzende nächste Umgebung mit Gebüsch und Wald bewachsen ist.

21. *Tachea hortensis* Müll. h. h.

Die Gehäuse sind gegenüber jenen des Donaugenistes etwas grösser. — Im Donauauswurf sind bänderlose Gehäuse weitaus in der Mehrzahl, während selbe hier nur vereinzelt auftreten. — Die Bändervariationen sind viel reichlicher und mannigfaltiger. 5bändrige Gehäuse sind wenige, dagegen sehr zahlreich solche mit zusammenfliessenden (Formel 1̂2̂3,45, 123,4̂5̂, 1̂2̂3,45, 1̂2̂345, 1̂2̂300 und 1̂2̂3,45) und ausbleibenden Bändern (100,45 — 003,45 und 003,05).

22. *Tachea nemoralis* L. h. h.

Auch diese Art ist mit zahlreichen Bändervariationen vertreten, bänderlose Exemplare vereinzelt. — Ausgeblieben: 00345 — 00300 — 00045 und 00305. Zusammengeflossen nur 00̂3̂45.—

23. *Xerophila ericetorum* Müll. s. mit sehr kleinen Exemplaren von nur 12 mm Durchmesser.

24. *Helicogena pomatia* L. s.

Gen. Cochlicopa Risso.

25. *Zua lubrica* Müll. h. Nur Gehäuse von mittlerer Grösse, keine kleinen der var. *exigua* (Form der Jurafelsen).

Gen. Caecilianella Bourg.
26. *Caecilianella acicula* L. s. s.
Gen. Pupa Drap.
27. *Pupilla muscorum* L. s.
28. *Vertigo pygmaea* Drp. h.

Im Donaugenist sind die Arten dieses Genus sehr reich vertreten, welche hier auffallenderweise fehlen. Der Mangel der grösseren Arten, die in den Kaltgebieten leben, lässt sich erklären. Aber für das Fehlen der feuchten Boden bewohnenden kleinen Vertigos kann ich mir keine Veranlassung denken.

Gen. Clausilia Drap.
29. *Clausiliastra laminata* Mont. s. s.
30. *Alinda biplicata* Mont. s. s.

Die Clausilien sind im Rheingenist sehr selten, während in jenem der Donau die beiden vorstehenden Arten sehr häufig vorkommen und sich in selbem ausserdem noch eine ganze Reihe anderer Arten finden.

Gen. Succinea Drap.
31. *Neritostoma putris* L.
var. *limnoidea* Pic. s.
32. *Amphibina Pfeifferi* Rossm. h.
33. „ *elegans* Risso. s. s.
34. *Lucena oblonga* Drap. s. s.
Gen. Carychium Müll.
35. *Carychium minimum* Müll. h. h.
Gen. Limnaea Lam.
36. *Limnus stagnalis* L. h. var. *turgida* Mke.
37. *Gulnaria auricularia* L.
38. *Limnophysa palustris* Müll. h.
Nur in var. *corvus* Gm.
39. *Limnophysa truncatula* L. h. h.
var. *longispirata* Cless. s.
Gen. Planorbis Guett.
40. *Coretus corneus* L. h.

41. *Tropidiscus marginatus* Drap. h.
42. „ *carinatus* Müll. h.
43. *Gyrorbis vortex* L. h.
Nur in var. *compressus* Mich.
44. *Gyrorbis vorticulus* Trosh. s.
Nur in var. *helveticus* Cless.
45. *Gyrorbis rotundatus* Poir. h.
46. *Gyrorbis spirorbis* L. s.
47. *Bathyomphalus contortus* L. h.
48. *Gyraulus albus* Müll. h. h.
49. „ *limophilus* West. s.
50. „ *crista* L. nur in var. *nautileus* L. s.
51. *Hippeutis complanatus* L. s.
Gen. Physa Drap.
52. *Physa fontinalis* L. s. s.
Gen. Aplexa Flem.
53. *Aplexa hypnorum* L. s. s.
Gen. Valvata Müll.
54. *Cincinna piscinalis* Müll. h.
55. *Gyrorbis cristata* Müll. h.
Gen. Vivipara Lam.
56. *Vivipara fasciata* Müll. Ein Exemplar, stark abgerieben, was auf einen weiten Transport schliessen lässt. Die Art lebt demnach auch im Oberrhein und scheint sich stets mehr nach Süden ausbreiten zu wollen, da sie in jüngster Zeit von C. Boettger im Main bei Frankfurt gefunden wurde und da ihr Vorkommen auch im Neckar bei Heidelberg konstatiert wurde.
Gen. Bythinia Gray.
57. *Bythinia tentaculata* L. h.
var. *producta* Mke. s.
G. Unio Phil.
58. *Unio pictorum* L. h. Nur Exemplare von geringerer Grösse, jedenfalls ist die Art in den zahlreichen Altwassern sehr häufig.

G. Anodonta Cuv.
59. *Anodonta mutabilis* Cless. var. ? s. Nur zerbrochene und unvollendete Schalen.

Gen. Sphaerium Coop.
60. *Sphaerium corneum* L. s. s. Nur ein sehr kleines Exemplar.

Gen. Calyculina Cless.
61. *Calyculina lacustris* Müll. h.

Gen. Pisidium Pfr.
62. *Pisidium pallidum* Jeffr. s.
63. „ *amnicum* Müll. s.

Gen. Dreissenia Ben.
64. *Dreissenia polymorpha* Pall. s.

Mit den hier aufgezählten Arten ist die Conchylienfauna des Rheinauswurfes selbstverständlich nicht erschöpft. Beim Sammeln während mehrerer Jahre wird sich dieselbe noch wesentlich vermehren.

Unter den aufgezählten Arten befinden sich 4 Spezies, deren Verbreitungsbezirk nicht mehr in das Flussgebiet der Donau fällt, die daher im Donaugenist nicht gefunden werden können. Zwei derselben gehören dem nördlichen und mittleren Deutschland an, nämlich Planorbis corneus und Paludina fasciata, welche beide sich immer mehr nach Süden auszudehnen scheinen. Zwei weitere Arten Helix plebeja und Crystallus rhenana haben ihren Verbreitungsbezirk im Südwesten Europas, nämlich in der Schweiz und im östlichen Frankreich. Cryst. rhenana steht' dem Cryst. andreaci sehr nahe und ist vielleicht nur eine Varietät dieser Art.

Die übrigen Arten gehören zu den über ganz Deutschland verbreiteten Arten, und finden sich deshalb im Geniste aller grösseren Flüsse Deutschlands. Die Arten, welche in den Alpen und Voralpen Bayerns leben, fehlen selbstverständlich im Rheinauswurf. — Dass sich in demselben verhältnismässig viele Wassermollusken finden, erklärt sich aus den vielen Flussabschnitten und Altwassern, welche bei

Regulierung des Strombettes sich gebildet haben. Dennoch bleibt das spärliche Auftreten von Clausilia und Pupaarten gegenüber deren Vorkommen im Donaugeniste auffallend nachdem an den Ufern des Rheines ebenso zahlreich bewaldete Flussauen vorhanden sind, wie an der Donau.

Es ist immerhin von grossem Interesse, die Conchylienfauna der Flussgeniste zu sammeln, da sich in denselben Arten finden, deren Wohnorte bisher nicht entdeckt wurden und deren Existenz nur durch Genistexemplare nachgewiesen werden kann, wie im vorliegenden Falle von Crystallus rhenanus.

Neue Pleurotomarien?
Von
Professor K. Schmalz, Berlin.
(Mit Tafel 1 — 3)

Im 2. Nachtrag (1907) zu der Monographie über die Gattung Pleurotomaria (in: Martini-Chemnitz, Systematisches Conchylien-Cabinet, Nürnberg 1901, Bauer & Raspe) habe ich die letzten Arbeiten über diese so interessanten und seltenen Gastropoden zusammengefasst. Darin ist von allgemeinem Interesse die Publikation der neuen (6.) Art: Pleurotomaria Hirasei, Pilsbry, deren Beschreibung (S. 112 bis 113) und Abbildung (Taf. 20, Fig. 1 und 2) ich reproduziert habe. Dabei gelangte ich durch Vergleich der neuen Art mit den alten Arten zu dem Schluss (S. 115), dass Pl. Hirasei als neue Art kaum zu halten ist, vielmehr als Varietät von Pleurotomaria Beyrichi, Hilgendorf zu gelten hat. Der Zweifel an neuen Pleurotomarien ist schnell weiter bestätigt worden, wie im Folgenden kurz ausgeführt werden mag.

Pilsbry gründete die neue Art auf feinere Skulptur. Ich zog 2 Berliner Exemplare von Pl. Beyrichi heran (vgl. S. 23 u. 113—114), um die grobe Skulptur der alten Exemplare mit der feinen Skulptur des neuen Exemplars durch allmählichen Uebergang zu vermitteln. Das eine Exemplar, in meinem Privatbesitz, habe ich in natürlicher Grösse nach Photographie autotypisch reproduziert (Taf. 21, Fig. 1); das andere Exemplar, früher in der Paetel'schen Sammlung, jetzt im Kgl. Museum für Naturkunde, reproduziere ich obenein bei dieser Gelegenheit in derselben Weise hier als Tafel 1. Man sieht deutlich, wie die Skulptur in allen diesen Exemplaren variiert: an dem in Tafel 1 publizierten Exemplar fällt die ausserordentlich feine Körnelung nach oben hin auf, die über dem Schlitzband eine besondere Spirale zu bilden scheint. Ich halte meine Ansicht, dass feinere und gröbere Skulptur für neue und gute Arten nicht ausreicht, für hinreichend begründet. Die Angelegenheit wäre erledigt, wenn nicht darauf wieder zurückzukommen ein neuer etwas wunderlicher Umstand veranlasste, der nicht nur meine Meinung stützen kann, sondern überhaupt über die Arten der Gattung Pleurotomaria skeptisch machen muss.

Es handelt sich um das folgende schlecht zu vereinigende Zusammentreffen. 1903 publizierte Pilsbry die schon im Conchylien-Cabinet (Taf. 20, Fig. 1) und mit gütiger Erlaubnis der Verlags-Firma hier als Tafel 2 wieder abgebildete Pleurotomaria Hirasei. Durch Herrn H. Rolle (Naturhistorisches Institut: Kosmos, Berlin) erhielt ich kürzlich (April 1908) die Preisliste Japanischer Meeres-Conchylien von Y. Hirase (Karasumaru, Kyoto, Japan 1907); desselben Hirase, von dem Pilsbry in Philadelphia die neueste Art von Pleurotomaria erhalten und nach dem er sie benannt hat. Dieser Katalog enthält auch eine nach alledem gewiss authentische Abbildung von Pl. Hirasei (als erste Tafel), die aber merkwürdiger Weise ganz anders aussieht. Ich reproduziere, damit jeder Leser selbst vergleichen und urteilen kann, (immer in der gleichen Weise) der Pilsbry'schen Abbildung gegenüber die Hirase'sche Abbildung hier als Tafel 3:

1.

II.

III.

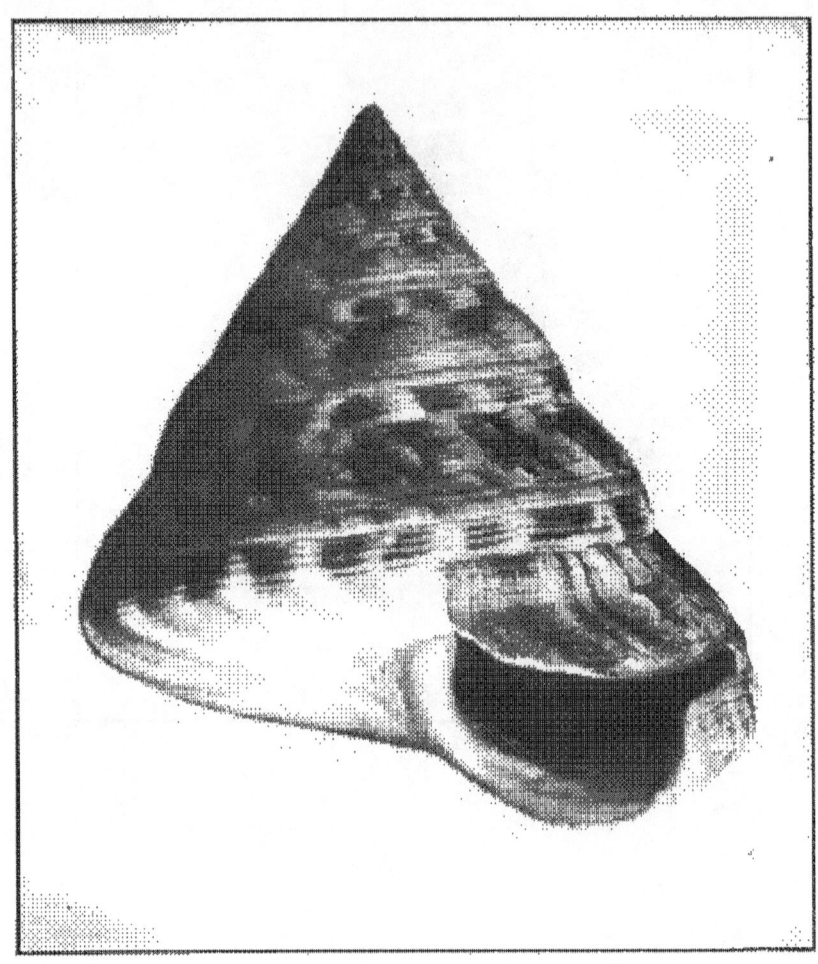

beide sind unterschrieben als Pleurotomaria Hirasei, Pilsbry. Die beiden Abbildungen stimmen sonderbarer Weise ganz und gar nicht überein, so wenig, dass sie unwillkürlich zu Ueberlegungen zwingen, die öffentlicher Mitteilung wert scheinen.

Man könnte fast auf die Idee kommen, die Hirase'sche Abbildung sei wohl ungenau und vielleicht nicht eine Photographie. Das Bild hat wirklich etwas von der Art der japanischen Malerei an sich. Doch erscheint namentlich der untere Teil naturgetreu und sind die anderen Tafeln des Kataloges unzweifelhaft Photographien nach der Natur in natürlicher Grösse. Danach scheint so gut wie sicher auch diese Tafel Photographie nach der Natur in natürlicher Grösse autotypisch reproduziert zu sein. Zudem blieben die Unterschiede so charakteristisch, dass es fast gleichgültig wäre, ob eine mechanische oder künstlerische Aufnahme vorläge.

Bei dem Vergleich fällt auf in diesem Zusammenhange unbedingt zuerst und besonders die Skulptur: Die Pilsbry'sche Abbildung (unsere Tafel 2) ist hervorragend rauh, die Hirase'sche Abbildung (unsere Tafel 3) ist hervorragend glatt. Gerade auf ungewöhnliche Körnelung hatte Pilsbry die neue Art gegründet und nach Hirase wäre Pl. Hirasei gerade aussergewöhnlich glatt. Wie ist es zu verstehen, dass gerade in dem entscheidenden Merkmal beide Figuren einander direkt widersprechen, und dass zwei in Verkehr stehende Autoren so Verschiedenes für ein und dasselbe ausgeben? — Aber nicht nur die Skulptur ist abweichend, sondern sodann und nicht minder auch die Form: Das Pilsbry'sche Exemplar steigt unter weniger steilem Winkel mehr gewölbt auf, das Hirase'sche unter steilerem Winkel mehr geradelinig. Solch ein Form-Unterschied wäre für Arten-Unterscheidung gewiss nicht weniger wesentlich als der Skulptur-Unterschied!

Was nun? — Zunächst will mir scheinen, dass mein Zweifel an neuen Pleurotomaria-Arten neu gerechtfertigt ist.

Ich glaube nämlich sodann, dass, wie die Pilsbry'sche Abbildung keine neue Art, sondern höchstens eine neue Varietät darstellt, so auch die Hirase'sche Abbildung nicht gleich wieder eine neue Art, sondern wohl auch nur eine Varietät, und zwar diesmal von Pleurotomaria Salmiana, Rolle darstellt. Der Vergleich der Figur im Conchylien-Cabinet (Taf. 6, Fig. 1 u. 2) mit der Hirase'schen Figur (unsere Taf. 3) zeigt, dass beide in der Form gut übereinstimmen: wieder wäre Pl. Salmiana die rauhere Varietät und das Hirase'sche Exemplar die glattere Varietät. — Kurzer Schlitz und der Ort des Vorkommens: Japan, schliessen eine Annäherung an die langschlitzigen westindischen Arten aus, denen in der Form Pl. Salmiana übrigens am nächsten kommt, und an die, wie mich dünkt, die Grösse und die dünne und gewellte Oberlippe der Mündung etwas erinnert, wie der Vergleich unserer Tafel 3 mit der Abbildung der grossen Pleurotomaria Adansoniana im Conchylien-Cabinet (Taf. 4) zeigt. — Es ist schade, dass von dem Hirase'schen Exemplar die Unterseite nicht mit abgebildet ist: der Anblick der Nabel-Vertiefung wäre recht interessant und aufklärend; soviel aber kann man wohl schon nach der Hirase'schen Abbildung vermuten, dass die Mitte der Basis ziemlich tief ausgehöhlt ist, dass das Gehäuse wenigstens falsch genabelt ist, wie bei Pl. Salmiana. — Auch einen Blick nach dem anderen Ende der Formenreihe der Pleurotomarien zu werfen, gibt der dargestellte Zusammenhang eine Veranlassung: Die sehr regelmässige Körnelung nach oben hin an dem neu (unsere Tafel 1) abgebildeten Exemplar von Pl. Beyrichi erinnert sehr an Pl. Quoyana, der von G. B. Sowerby „exquisite" Skulptur nachgerühmt wurde (Monographie S. 22).

Es scheint die Gattung Pleurotomaria des Rätselhaften und Interessanten immer wieder neues zu bieten. Die wenigen bekannten Exemplare bilden verhältnismässig viel Arten: das ist ein verständlicher Zusammenhang, wie ich in der Monographie (S. 115) erklärt habe; ebenso verständlich ist es, wenn neu bekannt werdende Exemplare anfangen zu vermitteln, Varietäten und nicht mehr Arten zu bilden. Ja, wenn die Heimat dieselbe ist, wie bei Pl. Beyrichi und Pl. Salmiana, kann man gar daran denken, Pl. Salmiana als Varietät von Pl. Beyrichi anzusehen. Aber wie stehen die japanischen und die westindischen Pleurotomarien — Pleurotomaria Rumphii soll sogar vielleicht von den Molukken her sein — in Zusammenhang: geographisch, biologisch? —

Kritische Fragmente.
Von
P. Hesse, Venedig.
(Siehe Nachrichts-Blatt 1907, S. 69—77).

IV. Berichtigung einiger Namen.

Zu den früher unter diesem Titel veröffentlichten Richtigstellungen folgt hier eine kurze Nachlese.

Für die Gruppe der *Helix balearica, minoricensis* etc. hat Kobelt im Registerbande der Iconographie das Subgenus *Balearica* aufgestellt. Dieser Name ist schon seit langer Zeit in der Ornithologie vergeben und daher nicht zulässig; ich bringe dafür die Bezeichnung *Iberellus* in Vorschlag.

Rossmässler beschrieb in der Iconographie, Bd. II, eine Xerophila unter dem Namen *Helix protea* Zgl., und dieser Name wurde von den meisten Autoren unbedenklich angenommen; nur bei Albers-Martens finde ich ihn in *Helix proteus* umgeändert. Dieses ist die einzig richtige Form, die allgemein angewandt werden sollte, da es ein Adjektiv proteus, a, um nicht giebt.

Kobelt hat eine Schnecke von Gibraltar als *Helix lactea var. alybensis* beschrieben und sich dabei einen Schreibfehler zu Schulden kommen lassen, da der Name doch offenbar von Abyla, dem alten Namen für die südliche „Säule des Herkules", abgeleitet ist und demnach *abylensis* lauten sollte. Ich denke, nach den internationalen Nomenklaturregeln dürfte hier eine Umänderung zulässig sein, obschon der Fehler bisher unbemerkt geblieben ist und der Name allgemein in der verballhornten Form gebraucht wird*).

L. Sóos hat vor kurzem eine Abhandlung über die Anatomie von *Campylaea coerulans* veröffentlicht, leider in ungarischer Sprache, so dass mir nur das am Schlusse angefügte kurze deutsche Resumé verständlich ist. Darin wird für die interessante Art die Errichtung eines neuen Genus *Hazaya* vorgeschlagen; Brusina hat schon vor 4 Jahren dafür den Namen *Vidovicia* eingeführt (Nachr.-Bl. 1904, S. 162), die neue Benennung hat daher keine Berechtigung. Nebenbei sei bemerkt, dass auch ich schon vor mehreren Jahren die Art anatomisch untersuchte, aber die Meinung des Autors, dass sie wegen der eigentümlichen Beschaffenheit ihrer Mundteile nicht den Campylaeen zugeteilt werden könne, nicht teile. Trotz des glatten Kiefers und der sonderbaren, an die von *Allognathus* erinnernden Radula sehe ich keinen Anlass, die Form aus der Subfamilie *Campylaeinae* auszuschliessen, in der sie allerdings eine Sonderstellung einnimmt. Im Bau der Genitalien zeigt sie alle für die Campylaeen charakteristischen Besonderheiten. Arten mit glattem Kiefer und abweichender Bezahnung der Radula giebt es auch bei *Murella*, und dass *Allognathus* trotz seines eigentümlichen Kauapparates zu *Pentataenia* gerechnet werden muss und sich nahe an *Iberus* anschliesst, ist mir sehr wahrscheinlich.

Zum Schlusse möchte ich noch meinen Bedenken Ausdruck geben gegen die Tendenz, Manuskriptnamen der Bourguignat'schen Sammlung ans Licht zu ziehen, die, da von ihm nicht veröffentlicht, keinen Anspruch auf Aner-

---

*) Cfr. Alybe, vielleicht ursprünglich 'Alybe oder Chalybe, griechisch Kalpe, der phönizische Name für die nördliche Säule des Herkules.   Ko.

kennung haben und nur dazu dienen, den entsetzlichen Ballast überflüssiger Namen, mit denen die Franzosen der neuen Schule die Systematik belastet haben, unnötiger Weise zu vermehren. Ich finde z. B. im Registerbande der Iconographie eine *Codringtonia nimia* Let., wozu die Abbildung Bd. VII, Fig. 1812 citiert wird. Da ich eine Beschreibung einer solchen Art nirgends auffinden konnte, bat ich Freund Kobelt um Aufklärung, und erhielt den Bescheid, Bourguignat habe in seinem Exemplar der Iconographie, das in Genf aufbewahrt wird, die citierte Abbildung mit dem Namen *Helix nimia* Lct. bezeichnet. Ich halte es für überflüssig, ja für direkt schädlich, solche handschriftliche Namen auferstehen zu lassen; es ist viel besser, sie bleiben im Genfer Museum begraben. Herr Pfarrer Nägele hat eine syrische Art mit dem Bourguignat- schen Manuskriptnamen *Helix zerekia* belegt; nach Kobelt heisst der Name in Bourguignat's Sammlung aber *Helix zeraethia*, und kommt einer ganz anderen Schnecke zu, die von Cypern stammt. Wir haben also jetzt eine *Helix zeraethia* (Bgt.) Kob. von Cypern, und eine *Helix zerekia* (Bgt.) Nägele aus Syrien, ferner eine *Helix pericalla* (Bgt.) Kob. und *Helix pericalla* (Bgt.) Nägele = *blumi* Kob.

Im Supplementbande der Iconographie hat Kobelt eine ganze Reihe Helices aus Bourguignat's Sammlung abgebildet und unter dessen handschriftlichen Namen beschrieben. Dagegen ist gewiss nichts einzuwenden, aber nach Art. 21 der Nomenklaturregeln müssen diese Namen mit der Autorität Kobelt geführt werden.

V. Helix berytensis Fér. und fouroual Bgt.

Ueber die systematische Stellung von *Helix berytensis* herrschte bisher eine grosse Unsicherheit; Pilsbry stellt sie zu *Theba*, Westerlund zu seiner Gruppe *Latonia*, die später von Kobell zu *Westerlundia* umgetauft wurde. Als ich daher vor einiger Zeit drei lebende *Helix berytensis* erhielt, benutzte ich gern die Gelegenheit, um auf Grund des anatomischen Befundes festzustellen, welchen Platz die Art im System einzunehmen hat. Das Ergebnis war überraschend; das Tier zeigt alle Merkmale, die wir als charakteristisch für das Genus *Metafruticicola* Jhg. kennen. Damit wird der Verbreitungsbezirk dieser Gattung, die man bisher nur vom griechischen Archipel kannte, beträchtlich erweitert. Die untersuchten Exemplare entsprechen in Skulptur und Bau des Gehäuses durchaus den von B o u r g u i g n a t gegebenen Abbildungen (Moll. litig., Taf. VI, Fig. 1—5); mein Gewährsmann fand sie bei Beirut, im Tal des Nahr el Kelb, im Walde unter totem Laube. Nach B o u r g u i g n a t sammelten S a u l c y und R a y m o n d sie auch bei Beirut, unter feuchten Gesteinsbrocken.

Ein glücklicher Zufall wollte, dass ich auch die wegen ihrer gröberen Skulptur von B o u r g u i g n a t als *Helix fourousi* unterschiedene Form untersuchen konnte; Herr Pfarrer N ä g e l e hatte die Güte, mir zwei bei Haifa gefundene Exemplare zu überlassen. Leider erwies sich von diesen nur eins als vollkommen geschlechtsreif, während beim andern, trotz vollständig ausgebildeten Gehäuses, die Genitalien noch durchaus jugendlich und unentwickelt waren. Es ist zwar misslich, nach Untersuchung eines einzigen Individuums ein Urteil über den Wert einer Form abzugeben, im vorliegenden Falle aber glaube ich es wagen und behaupten zu können, dass *Metafruticicola fourousi* Bgt., die bisher fast allgemein als Varietät von *M. berytensis* galt, von dieser gut unterschieden ist und als selbständige Art angesehen werden muss.

Es liegt nicht in meiner Absicht, hier die Anatomie der beiden Formen eingehend zu besprechen; ich behalte mir das für später vor und will nur kurz erwähnen, dass der Unterschied sich hauptsächlich am männlichen Genitaltractus zeigt. Am einfachsten veranschaulichen ihn folgende Zahlen:

	M. berytensis	*M. fourousi*
Länge des Penis	15—20,5 mm	5,5 mm
„ „ Flagellums	9,5—12 „	21 „

Bei M. berytensis ist also das Flagellum immer kürzer als der Penis, und bei M. fourousi liegt das Verhältnis umgekehrt: das Flagellum erreicht die vierfache Länge des sehr kurzen Penis.

Von der Verbreitung der beiden Arten lässt sich heute noch kein bestimmtes Bild gewinnen, da sie nicht von allen Autoren auseinandergehalten wurden. Bourguignat kennt *M. berytensis* von Beirut, Saida und vom Berge Carmel, *M. fourousi* nur von Beirut. Mousson erhielt *M. fourousi* (er nennt sie irrtümlich H. granulata Roth) aus der Gegend von Tiberias und aus dem Libanon (Coq. Roth, S. 9). Nach Böttger lebt *Helix berytensis* bei Brumana am Libanon und bei Baalbeck, *fourousi* erhielt auch er aus Haifa. Woher Westerlund die Angabe schöpft, dass *M. berytensis* in Vorderasien bis zum Kaukasus hin verbreitet sei, ist mir nicht bekannt.

Ob wir in *Helix rachiodia* Bgl. = *granulata* Roth aus Carien eine dritte, von *M. berytensis* und *fourousi* verschiedene Art zu sehen haben, können erst spätere Untersuchungen entscheiden.

VI. Bemerkungen über das Genus Theba Risso (Carthusiana Kob.).

Seit v. Jhering darauf hingewiesen hat, dass die Verwandten von *Helix carthusiana* und *cantiana* näher mit *Xerophila*, als mit *Fruticicola* verwandt sind, hat sich diese Ansicht Bahn gebrochen, und sowohl Pilsbry als Kobelt schliessen *Theba* den Xerophilen an. Westerlund dagegen zeigt sich conservativ; auch in seinem „Methodus" (1902) behält er für das Genus (oder Subgenus) *Theba* die frühere Stellung bei.

Schon seit längerer Zeit sind eine Anzahl hierher gehöriger Arten anatomisch untersucht; sie zeigen gewisse Eigentümlichkeiten, durch die die Gruppe scharf charakterisiert erscheint. Der rechte Augenträger liegt frei neben den Genitalien; diese Besonderheit haben auch *Xerophila* und *Leucochroa*, nach Ashford auch *Helix granulata* Ald. Den *Theba*-Arten ausschliesslich eigen ist aber das Fehlen des Penisretractors und das Vorhandensein einer Appendicula, in zweiter Linie der meist gefleckte Mantel und die Gehäusecharaktere, durch die sie sich auch ohne anatomische Untersuchung ohne weiteres von allen sonst zur Subfamilie *Xerophilinae* gehörigen Formen unterscheiden lassen. Gerade in den testaceologischen Merkmalen ähneln sie aber sehr manchen andern Gruppen, die man zur Subfamilie *Fruticicolinae* zu rechnen pflegt. Es ist daher nicht zu verwundern, dass eine Anzahl bisher nicht genauer untersuchter Arten noch nicht mit Sicherheit im System untergebracht werden können, und die massgebenden Autoren hierüber zuweilen recht verschiedener Meinung sind. Ich hatte Gelegenheit, mir von mehreren solcher kritischen Formen die Tiere zu verschaffen und kann daher auf Grund des anatomischen Befundes einige Irrtümer berichtigen.

Pilsbry zieht zu *Theba* die von Westerlund aufgestellten Untergattungen *Latonia* und *Euomphalia*, eine Vereinigung, die nur teilweise gebilligt werden kann, nämlich für die Sippe *orsinii-martensiana-apennina*. *Helix strigella* dagegen gehört nicht hierher, da bei ihr der rechte Augenträger nicht frei neben den Genitalien liegt. *Metafruticicola berytensis* und *fourousi* sind gleichfalls auszuscheiden.

Westerlund beginnt die Aufzählung der *Theba*-Arten mit *Helix inchoata* Morel., die Pilsbry, anscheinend mit mehr Recht, zu *Monacha* stellt. Ob sie diesen Platz dauernd behaupten wird, weiss ich nicht; unsere Kenntnis der Anatomie lässt gerade bei dieser Gruppe noch fast alles zu wünschen übrig. Vorläufig kann ich nur sagen, dass *H. inchoata* kein einziges der für *Theba* charakteristischen Merkmale zeigt; sie hat einen wohl ausgebildeten Pfeilapparat, zwei vierteilige Glandulae mucosae und einen relativ grossen, mit vier geraden Leisten besetzten Pfeil, den man für einen Pentataenien-Pfeil halten könnte, wenn ihm nicht die kannelierte Krone fehlte.

Eine weitere Art, die Pilsbry bei *Monacha* unterbringt, während Westerlund sie zu *Theba* rechnet, ist *Hel. carascaloides* Bgt. Diese wurde von Wiegmann untersucht, und nach seinen mir vorliegenden Aufzeichnungen kann ich sagen, dass sie mit *Monacha* nichts zu tun hat, sondern jedenfalls zur Subfamilie *Xerophilinae* gestellt werden muss. In dieser steht sie aber bis jetzt vollständig isoliert. Zu *Theba* gehört sie nicht, da ihr die Appendicula fehlt und der Penis mit einem Retractor versehen ist. Sie hat zwei in 2—4 Aeste gespaltene Glandulae mucosae, dagegen ist von einem Pfeilsack keine Spur vorhanden. Der Gehäusecharaktere wegen möchte ich sie auch nicht dem Genus *Xerophila*, s. str. anschliessen; vielleicht finden sich Verwandte, wenn erst die orientalischen Arten genauer untersucht sind.

Helix rothi Pfr., die von allen Autoren unbedenklich zu *Theba* gestellt wird, hat allerdings die Appendicula, aber der Penis ist mit einem Retractor versehen; sie nimmt also innerhalb des Genus eine Ausnahmestellung ein. Als sicher zu *Theba* gehörig kenne ich nach eigenen Untersuchungen: *Theba apennina* Porro, *cantiana* Mont., *carthusiana* Müll., *cemenelea* Risso, *ignorata* Bttg., *martensiana* Tib., *nummus* Ehrbg., *obstructa* Fér., *olivieri* Fér., *orsinii* Porro., *syriaca* Ehrbg., nach Moquin-Tandon *Th. glabella* Drap.

VI. Das Genus Helix Lam., s. str.
(Helicogena Fér.).

Im Registerbande der Iconographie hat Kobelt die von Pilsbry *Helicogena* Fér. genannte Gruppe als besonderes Genus unter dem Namen *Helix* Lam. s. str. abgetrennt, wie mir scheint, mit vollem Recht. Die hierher gehörigen Species sind schon testaceologisch so gut charakterisiert, dass man kaum jemals im Zweifel sein kann, ob eine Art hierher zu stellen ist oder nicht. Die Aufzählung der Arten, die vor vier Jahren, beim Erscheinen des Bandes, als annähernd vollständig gelten konnte, ist heute schon veraltet, da Kobelt selbst inzwischen eine grosse Anzahl neuer Formen beschrieben und abgebildet, und in Bezug auf einige andere seine frühere Ansicht geändert hat.

Bekanntlich klagt schon Rossmässler darüber, dass diese grossen Helices wegen ihrer ausserordentlichen Variabilität ein wahres Kreuz für die Conchyliologen seien; seitdem wurden eine Menge weiterer Formen beschrieben, und die Schwierigkeiten wuchsen natürlich in gleichem Masse mit der Zunahme der Artenzahl. Ich habe nun versucht, ob sich nicht durch die anatomische Untersuchung ein Anhalt gewinnen lässt für die Erkenntnis der verwandtschaftlichen Beziehungen der Arten zu einander. Meine Untersuchungen sind noch keineswegs abgeschlossen, ich bin aber zu einigen bemerkenswerten Resultaten gekommen, die ich hier mitteile, um zur besseren Kenntnis dieser Gruppe einen kleinen Beitrag zu liefern.

Kobelt teilt das Genus *Helix* Lam., s. str. in drei Subgenera ein: *Cantareus* Risso für *Helix aperta*, *Cryptomphalus* M.-Td. für *Helix aspersa* und *mazzullii*, und endlich *Pomatia* Leach, die das Gros der Arten umfasst. Die Species des Subgenus *Pomatia* sind auf zehn Sippen verteilt, und zwar: Stirps *Hel. cinctae, melanostomae, ligatae, solidae, textae, vulgaris, figulinae, cavatae, lucorum* und *pomatiae*. Die Anordnung wird dadurch recht übersichtlich, wenn auch im Einzelnen noch Manches klarzustellen bleibt.

Von einer grösseren Anzahl Arten habe ich den Genitalapparat untersucht, und finde, dass namentlich am männlichen Genitaltractus und am Blasenstiel sich die Kriterien ablesen lassen, nach denen wir die Verwandtschaft der verschiedenen Formen beurteilen können. Es ergibt sich, dass mindestens zwei Gruppen von *Pomatia* abzutrennen und als besondere Subgenera zu betrachten sind, wahrscheinlich werden aber ausgedehntere Untersuchungen noch weitere Trennungen nötig machen. Am Penis unterscheide ich einen vorderen Abschnitt, von der Genitalcloake bis zur Anheftungsstelle des Rückziehmuskels, und einen hinteren, vom Retractor bis zur Abzweigung des Vas deferens. Die relative Länge dieser beiden Abschnitte und die des Flagellums ist ein sehr brauchbares diagnostisches Merkmal. Ebenso sind Ausbildung und Länge der einzelnen Teile des Blasenstiels oft charakteristisch; das Divertikel fehlt zuweilen ganz, häufiger ist es vorhanden, manchmal sehr lang, oft nur rudimentär. Den vorderen Teil des Blasenstiels, von der Vagina bis zur Abzweigung des Divertikels, bezeichne ich als Blasenstielschaft, den hinteren Abschnitt als Blasenkanal. Dieses sei zur Verständigung vorausgeschickt.

Die Arten, die Kobelt als Subgenus *Pomatia* zusammenfasst, lassen sich nach anatomischen Merkmalen wie folgt anordnen:

Penis relativ kurz, der hintere Abschnitt sehr kurz, weniger als ein Drittel der ganzen Länge ausmachend; Flagellum bedeutend länger als der Penis. Blasenstieldivertikel kürzer als der Blasenkanal oder ganz fehlend.

Subgenus *Helicogena* Fér (*Pomatia* Leach.).

Penis relativ lang, der hintere Abschnitt macht mehr als ein Drittel der Gesamtlänge aus; Flagellum kürzer als der Penis. Blasenstieldivertikel ungefähr so lang wie der Blasenkanal oder etwas länger.

Subgenus *Pelasga* m.

Penis lang, hinterer Abschnitt so lang wie der vordere, oder länger; Flagellum länger als der Penis. Blasenstiel divertikel sehr lang und dick, länger als der ganze Blasenstiel.

Subgenus *Maltzania* m.

Ich könnte noch ein weiteres Subgenus abtrennen, behalte mir das aber für später vor, bis ich Gelegenheit gehabt haben werde, umfangreicheres Material zu untersuchen. Die oben angegebenen Merkmale sind die wichtigsten und augenfälligsten; einige sekundäre Unterschiede können bei dieser Notiz, die nur als vorläufige Mitteilung dienen soll, unberücksichtigt bleiben.

Zum Subgenus *Helicogena*, wie ich es auffasse, gehören vor allem die grossen Arten, die Sippen der *Helix pomatia, secernenda, lucorum*, aber auch die kleine *Helix pathetica* Parr.

Das Subgenus *Pelasga* m. umfasst ausser der griechischen *Helix pelasgica* Kob. (*figulina auct., non* Kob.), die auch auf einigen Inseln des Archipels und im südlichen Kleinasien lebt, eine Anzahl syrischer Arten: *Helix pycnia* Bgt., *pachia* Bgt., *texta* Mss., (die sich von *pachia* kaum scharf trennen lässt), *xerekia* (Bgt.) Nägele, *engaddensis* Bgt.

Das Subgenus *Maltzania* m. ist nach meiner jetzigen Kenntnis auf die einzige Art *Helix maltzani* Kob. beschränkt.

Noch sehr ungenügend bekannt und einer gründlichen Untersuchung bedürftig sind die Formen, die man bisher zu *Helix ligata* Müller zu rechnen pflegte. Kobelt hat neuerdings aus dieser Sippe zahlreiche neue Varietäten beschrieben, damit ist aber nicht viel geholfen. Ein Uebelstand ist es, dass niemand recht weiss, welche Form wir für die typische *Helix ligata* Müll. zu halten haben. Sollte es denn ganz unmöglich sein, das festzustellen? Wird nicht Müller's Sammlung in irgend einem Museum aufbewahrt? Ich hatte noch nicht viel lebendes Material aus dieser Gruppe in Händen, kann aber nach dem, was ich bisher untersuchen konnte, bestimmt versichern, dass in Italien mindestens 3 verschiedene

Arten leben, die man bisher als Varietäten von *Helix ligata* ansprach. Alle drei Arten hat Kobelt in der Iconographie, N. F., Bd. XIII abgebildet und beschrieben unter den Namen: Helix Goussoneana var. mileti Kob. (Fig. 2089—2091), Helix ligata truentina Mascarini (Fig. 2102), Helix ligata var. cacuminis Kob. (Fig. 2086, 2087). Sobald sich mir Gelegenheit bietet, grösseres Material aus dieser Gruppe zu untersuchen, werde ich über die *ligata*-Frage eingehender berichten.

Literatur:

Fischer, Konrad, die Flussperlenmuschel (Margaritana margaritifera) in den Bächen des Hochwaldes. — In: Verh. naturh. Ver. Rheinl.-Westf. 1907, Jahrg. 64, p. 135 bis 144.

Ein interessanter Bericht über das bis vor 20 Jahren übersehene Vorkommen der Flussperlenmuschel in den der Mosel zufliessenden Bächen des Hochwaldes.

Harms, —, zur Biologie und Entwicklungsgeschichte der Flussperlenmuschel (Margaritana margaritifera Dupuy). — In: Zoologischer Anzeiger 1907, vol. 31, p. 817.

Auf Grund von Material aus der Trierer Gegend hat Harms in Verbindung mit Meisenheimer die Entwicklungsgeschichte der Flussperlenmuschel erheblich gefördert. Die Eier finden sich sowohl in den inneren wie in den äusseren Kiemen, und entwickeln in ca. 28 Tagen zu reifen Glochidien, die nur 0,045 mm lang sind, und sich in den Kiemen von Phoxinus laevis und Cottus gobio weiter entwickeln.

Caziot & Thieux, Observations sur la Formation de tubercules dentiformes chez quelques Helices (Leucochroa candidissima et Helix (Euparypha) pisana. — In: Feuille jeunes Naturalistes Ser. IV, Année. 38, no. 447, 1. Jan. 1908.

Behandelt mit zahlreichen guten Abbildungen die Zahnbildung am Ansatz des Aussenrandes von Leucochroa candidissima und die bei Helix pisana, auf welche Bourguignat seine Hel. calocyphia gegründet hat.

Anthony, R., Etude monographique des Aetheriidae (Anatomie, Morphologie, Systématique). Avec pl. X & XI. — In: Annales Soc. Zool. & Malac. Belgique vol. 41. 1906 (ausgegeben Febr. 1908.)

Die Aetheriiden sind Convergenzformen verschiedener Untergattungen oder Gattungen der Unioniden. Aetheria dürfte aus fixirten Spatha entstanden sein, Bartlettia aus Leila oder Anodonta, die amerikanische Mülleria ebenfalls aus Leila; die indische, für welche die Untergattung Pseudomülleria errichtet wird, aus einer vorderindischen Unionidengattung. Warum sie nicht generisch getrennt werden, ist unverständlich. Die Familie Aetheriidae ist als solche zu kassieren und kann höchstens als Tribus der Unioniden beibehalten werden.

Bartsch, Paul, a new Freshwater-Bivalve (Corneocyclas) from the Mountains of Ecuador. — In: Pr. U. St. Nat. Mus. no. 1584. vol. XXIII.

p. 681. (davisi n. sp.).

Bartsch, Paul, Notes on the Freshwater-Mollusk Planorbis magnificus and Descriptions of two new forms of the same Genus from the Southern States. — Ibid. no. 1587, vol. XXXIII, p. 697—700, pl. LVII.

Neu: Planorbis eucosmius p. 699, f. 1—3 und subsp. vaughani, f. 4—6 von Wilmington, North Carolina; — Pl. magnificus abgebildet ebenda, f. 7—9.

Proceedings of the Malacological Society of London vol. VIII, no. 1 (ed. March 1908).

p. 3. Smith, Edg. A., on Pyrula bengalina Grat.
— 3. Kennard, A. S., un the distribution of Petricola pholadiformis Lam.
— 4. Reynell, A., on the original drawings for the Illustrations in the „Historia Naturalis Testaceorum Britanniae" of E. M. da Costa 1778.
— 4. Sowerby, G. B., Mitra recurvirostris, name substituted for M. recurva Sow. nec Reeve.
— 4. Reynell, A., on Astarte mutabilis, with reversed hinge-dentition. Mit Textfigur.
— 6. Preston, H. B., Description of a new Species of Clathurella (birtsi) probably from Ceylon. Mit Textfigur.
— 7. Preston, H. B., Descriptions of new species of Land, Freshwater and Marine Shells from West Africa. — Pseudoglessula afule-

nensis, Kamerun, Textfig. — Melania funerea Goldküste, Textfig. Hipponyx salebrosus Goldküste, Textfig.

p. 9. Smith, Edg. A., on the Mollusca of Birket el Qurun. Egypt. 11 sp., keine neu.

— 12. Smith, Edg. A., Descriptions of new Species of Freshwater Shells from Central-Africa. — Neu: Giraudia minima, Tanganika. Vivipara kalingwisiensis, Mweru See. — Cleopatra hargeri von ebenda; — Unio mweruensis von ebenda; — Mutela hargeri, desgleichen, sämtlich mit Textfiguren.

— 16. Sowerby, G. B., Descriptions of eight new species of Marine Mollusca. — Neu: Turbo granoliratus p. 16, t. 1, f. 4, Neu Guinea; — Liotia walkeri p. 16, t. 1, f. 2, Nordwest-Australien; — Urosalpinx walkeri p. 16, t. 1, f. 1, ebenda; — Sistrum chrysalis p. 17, t. 1, f. 5, Neu Caledonien; — Natica bougei p. 17, t. 1, f. 3, ebenda; — Amalthea coxi p. 17, t. 1, f. 9—11. ebenda; — Chlamys smithi p. 18, t. 1, f. 6—7. Mauritius; — Pitaria elata, p. 18, t. 1, f. 8. Sierra Leone.

— 20. Beddome, Col. R. H., Descriptions of Labyrinthus euclaesus and Neocyclotus helli from Columbia. Mit Textfig.

— 22. Suter, Henry, Additions to the Marine Molluscan Fauna of New Zealand, with Descriptions of new species. — With pl. II, III. — Neu: Cantharidus opalus, biangulatus, p. 22, Textfig. — Monilea semireticulata p. 22, t. 2, f. 1; — Liotia solitaria p. 23, t. 2, f. 2. 3; — L. serrata p. 23, t. 2, f. 4. 5; — L. rotula p. 24, t. 2, f. 0; — Cyclostrema eumorpha p. 25, t. 2, f. 7—9; — C. lissum p. 25, t. 2, f. 10, 11; — Cyclostremella neozelanica p. 25, t. 2, f. 12; — Cirsonella densilirata p. 26, t. 2, f. 13; — Pseudoliotia imperforata p. 26, t. 2, f. 14; — Leptothyra fluctuata immaculata p. 27; — Coccalina craticulata p. 27, t. 2, f. 15, 16; — C. compressa p. 27, t. 2, f. 17, 18; — C. clypidellaeformis p. 27, t. 2, f. 19, 20; — Rissoa rufoapicata p. 23, t. 2, f. 21; — R. exserta p. 28, t. 2, f. 22; — Onoba foliata p. 28, t. 2, f. 23; — Cingula lampra p. 29, t. 2, f. 25; — C. roseocincta p. 29, t. 2, f. 26; — Setia atomus p. 30, t. 2, f. 27; — S. verecunda p. 30, t. 2, f. 28; — S. porcellana p. 30, t. 2, f. 29; — S. stewartiana p. 31, t. 3, f. 30; — S. infecta p. 31, t. 3, f. 31; — Scrobs hedleyi p. 31, t. 3, f. 32; — Anabathron gradatum p. 32, t. 3, f. 33; — Rissoina fuscozona p. 32, t. 3, f. 34; — R. olivacea lutea, p. 33; — R. rufulactea p. 33, t. 3, f. 35; — Omalogyra fusca p. 33, t. 3, f. 36; — O. bicarinata p. 33, t. 3, f. 37; — Bittium retiferum p. 34, t.

3, f. 38; — B. vitreum p. 34, t. 3, f. 39; — Cerithiopsis acies p. 35, t. 3, f. 40; — C. subantarctica p. 35, t. 3, f. 41; — C. canaliculata p. 35, t. 3, f. 42; — C. styliformis p. 36, t. 3, f. 43; — C. marginata p. 36, t. 3, f. 44; — Seila chathamensis p. 37, t. 3, f. 45; — S. bullosa p. 37, t. 3, f. 46; — S. dissimilis p. 37, t. 3, f. 47; — Triphora huttoni nom. nov. für minimus Crosse nec Hutton, = angasi Martens, Hutton nec Crosse, p. 38; — Tr. fascelina p. 38, t. 3, f. 49; — Tr. lutea p. 39, t. 3, f. 50; — Turritella cordata p. 39, t. 3, f. 51; — T. difficilis p. 40, t. 3, f. 52; — Mathilda neozelanica p. 40, t. 3. f. 53.

- p. 43. Fulton, H. C., a list of species of shells described by Dr. Grateloup, with critical notes.
- 45. Fulton, H. C., Proposed new name for Cepolis trizonalis auct. nec Grat. (definita n.).
- 46. Kennard, A. S., Notes on Planorbis vorticulus, Troschel, and P. laevis Alder, also on some proposed subdivisions of the Genus.
- 50. Kennard, A. S., on Vitrea scharffi n. sp. Textfig.

Eingegangene Zahlungen:

Karl Riedel, Augsburg, Mk. 6.—; Löbbecke-Museum, Düsseldorf, Mk. 6.—; Professor Brusina, Agram, Mk. 6.—; Pastor Stahlberg, Schwerin i. M., Mk. 6.—; J. Heller, Teplitz, Mk. 12.—; H. Petersen, Hamburg, Mk. 6.—; Stadtpfarrer Mönig, Mengen in Württemberg, Mk. 6.—; J. Tidemand-Rund, Kragerö, Mk. 6.—; Professor Dr. Kinkelin, Frankfurt a. M., Mk. 6.—; Rentier Futh, Königsberg i. Neumark, Mk. 6.—; Bestamtmann F. Hocker, Gotha, Mk. 6.—; M. Lodder, Launceston, Mk. 6.—; Sowerby & Fulton, London, Mk. 12.—; E. Volz, Mülhausen i. Els., Mk. 6.—; Professor A. P. Pavlow, Moskau, Mk. 12.—.

Gut bestimmte
griechische Land- u. Meeresconchylien
liefert
Chr. Leonis, Athen, Botasi-Strasse 6.

No. 4.   Oktober 1908.

Nachrichtsblatt
der deutschen
Malacozoologischen Gesellschaft.

Vierzigster Jahrgang.

Das Nachrichtsblatt erscheint in vierteljährigen Heften. Abonnementspreis: Mk. 6.—. Frei durch die Post im In- und Ausland.

Briefe wissenschaftlichen Inhalts, wie Manuskripte u. s. w. gehen an die Redaktion: Herrn Dr. W. Kobelt in Schwanheim bei Frankfurt a. M.
Bestellungen, Zahlungen, Mitteilungen, Beitrittserklärungen u. s. w. an die Verlagsbuchhandlung des Herrn Moritz Diesterweg in Frankfurt a. M.
Ueber den Bezug der älteren Jahrgänge siehe Anzeige auf dem Umschlag.

Mitteilungen aus dem Gebiete der Malacozoologie.

Die fossilen Mollusken der Hydrobienkalke von Budenheim bei Mainz.
Von
Prof. Dr. O. Boettger in Frankfurt a. M.

Es empfiehlt sich und dürfte nicht unwillkommen sein, eine Fauna, deren Bestandteile zwar im allgemeinen wohlbekannt sind, die aber seit längerer Zeit eine kritische Durcharbeitung nicht erfahren hat, unbefangen von neuem wieder einmal anzusehen und durchzuprüfen, namentlich wenn örtlich reichere Schätze von neuem Material bekannt werden. So hat die Tierwelt der echten, eigentlichen oder oberen Hydrobienkalke seit Frid. Sandbergers Forschungen 1863 und 1870—1875 keine eingehendere Würdigung mehr erfahren, und doch lohnt sich, wie wir sehen werden, eine derartige vergleichende Zusammenstellung. Von dem reichen Fundorte Budenheim bei Mainz, an dem ich zwar öfters gesammelt habe, der mir aber niemals besonders zahlreiche Funde gebracht hat, erhielten die Herren cand. rer. nat. Otto Emmerich und Ingenieur Karl Fischer, beide von Frankfurt, namentlich im Laufe des Jahres 1907 zahlreiche Land- und Süsswassermollusken, von denen sie mir schöne Proben mitteilten. Zwei von den genannten Herren nicht gefundene Arten verdanke ich überdies Herrn stud. rer. nat. W. Wenz, gleichfalls von hier, dem ich auch eine der beiden im folgenden beschriebenen Novitäten widmen konnte.

Schnecken.

1. *Archaeozonites increscens* (Tho.).

Thomae, Nassau. Jahrb. II, 1845, p. 139 *(Helix)*.

Von dieser Form fand Herr Emmerich ein einzelnes sehr hohes Stück, das abgesehen von den schwächeren Runzelfalten an *A. strubelli* Bttgr. erinnert. Nach Analogie der bei den lebenden *Zonites*-Arten gültigen Artcharaktere möchte ich mit Thomae und entgegen der Ansicht von Fr. Sandberger annehmen, dass es sich hier um eine gute Art handelt, die den Hydrobienschichten zukommt, aber so selten ist, dass ich sie in guter Erhaltung mit Schale erst jetzt zu Gesicht bekommen habe.

2. *Patula multicostata* (Tho.).

2 Stücke in coll. Fischer von diam. 5 mm. — Die angebliche *P. multicostata* von Rein in Steiermark (comm. Tausch 1890) erweist sich als eine sicher verschiedene Art, die sich durch höhere, stielrunde Umgänge, Mangel der Kielanlage auf dem letzten Umgang und durch die etwas feinere Skulptur auszeichnet.

3. *Vallonia lepida* (Reuss).

Einzeln bei Mombach (coll. Boettger), zahlreich bei Budenheim (coll. W. Wenz und K. Fischer). — Die nicht seltene Grundform wird von Sandberger, Land- und Süssw.-Conch. d. Vorwelt p. 375 mit „anfr. (ult.) costulis transversalibus numerosis (50) subtilibus et saepe bifidis ornatus", d. h. „mit zahlreichen (50) zarten und öfter gespaltenen Querrippchen verziert" beschrieben. Reichlich die Hälfte der untersuchten Stücke zeigt recht deutlich diese Skulptur, die ich als „einheitliche" Streifung bezeichnen möchte.

Aber es gibt Uebergänge in eine var. *subcostata* n., die ich folgendermassen charakterisieren möchte:

Char. T. minus laevi, minus nitida, costulis validioribus, inaequalibus, ternis vel quaternis paululo magis prominentibus. — Alt. 1 ½, diam. 2 ½ mm.

Zu dieser Form, die sich zur Grundform etwa verhält wie die var. *enniensis* Gredl. zum Typus von *V. pulchella* (Müll.), gehört samt den Uebergängen fast die Hälfte der vorliegenden Stücke. Ihre Rippung ist übrigens im allgemeinen gröber und deutlicher als bei der lebenden var. *enniensis* Gredl.

4. *Vallonia sandbergeri* (Desh.).

3 Stücke in coll. Fischer, die sich vom Typus durch einen um eine Kleinigkeit engeren Nabel auszeichnen. Die gedrückte Spira haben sie mit der Hochheimer Schnecke gemein.

5. *Leucochroa (Leucochroopsis) emmerichi* n. sp.

Char. Forma staturaque *L. cariosulae* Mich., sed duplo minor, sutura simplice, non crenulata. — T. pro genere minima, subimperforata, depresse semiglobosa, carinata, superne globoso-convexa, subtus sat convexa, alba, nitida; apex obtusus. Anfr. 5 planiusculi, lente accrescentes, sutura simplice, appressa disjuncti, fasciculatim striati, striis superne distinctioribus, obliquis, arcuatis, ultimus fere ⅗ altitudinis testae aequans. Apert. obliqua, lunaris; perist. simplex, sublabiatum, subangulatum, margine supero subdeflexo, basali vix incrassato, reflexiusculo, columellari breviter dilatato, reflexo, perforationem oblegente. — Alt. 6 ¹/₄, diam. 9 ¹/₄ mm; alt. apert. 4 ¹/₄, lat. apert. 5 ¹/₄ mm.

Hab. Untermiocäner Hydrobienkalk von Budenheim, nur ein Stück ges. v. stud. rer. nat. O. Emmerich, hier, und ihm zu Ehren benannt (coll. Boettger).

Bemerkungen. Ein für unser Becken ganz neuer Typus, der einer gekielten *Leucochroa candidissima* (L.) täuschend ähnlich ist, aber nur deren halbe Grösse erreicht. Die ähnlich kleinen Leucochroen der Canarischen Inseln sind weit genabelt. Sie als gekielte Varietät der *Helix crebripunctata* Sbgr., die in Form und Grösse nicht unähnlich ist, aufzufassen, verbietet der Mangel jeder Art von Mikroskulptur. Ich möchte für die Gruppe, die nur durch das enger aufgerollte, etwas konvexere Embryonalgewinde von den typischen Leucochroen abweicht, die Bezeichnung *Leucochroopsis* n. subg. vorschlagen, ohne einen weiteren lebenden oder fossilen Vertreter namhaft machen zu können.

6. *Helix (Gonostoma) jungi* Bttgr.

Boettger, Nachr.-Blatt d. d. Mal. Ges. 1897 p. 19.

Ich besitze jetzt 3 Stücke von Budenheim, eins von der Kurve. Die Art variiert wie *Hx. osculum* Tho. in der Grösse und relativen Schalenhöhe und ebenso in dem bald nur halb bedeckten, bald und meist ganz mit einer Schwiele verschlossenen Nabelritz. Die Mikroskulptur hat mit der von *Hx. osculum* die grösste Aehnlichkeit. Trotzdem ist die Form sicher artlich verschieden. Sie muss als direkter Nachkomme derselben aufgefasst werden. — Alt. 5¹/₂—8, diam. 9—11¹/₂ mm.

7. *Helix (Gonostoma) involuta* Tho.

Nur in einem Stück ohne Mündung von O. Emmerich gesammelt, das durch gleichmässige, etwas langsamere Aufwindung der Umgänge und vielleicht auch durch engeren

Nabel — genau wie meine Stücke von der Kurve — vom Hochheimer Typus etwas abzuweichen scheint.

8. *Helix (Gonostoma) phacodes* Tho.

Wurde nur in einer genabelten Jugendform, wie ich sie auch von der Kurve kenne, durch O. Emmerich gefunden.

9. *Helix (Trichia) crebripunctata* Sbgr.

Selten. In allen Grössen bald flacher, bald mehr kegelförmig aufgewunden. — Alt. 7, diam. 11 mm. — Die f. *minor* Bttgr. zeigt alt. 6—6$^1/_2$, diam. 8—8$^1/_2$ mm (coll. O. Emmerich und K. Fischer).

10. *Helix subsoluta* Sbgr.

Auch von dieser Art, die ich früher mit *Hx. girondica* Noul. vereinigt habe, kommen bei Budenheim vorzüglich erhaltene Stücke vor, doch sind Exemplare mit gut ausgebildeter Zahnschwiele am Basalrande, wie es scheint, nicht häufig. Ob sie wirklich mit *Hx. girondica* Noul. spezifisch zu vereinigen ist, steht noch aus. Die französische Form neigt entschieden mehr zur Kielbildung.

11. *Helix (Galactochilus) mattiaca* Stein.

Soweit ich weiss, nur in wenigen Stücken gefunden.

12. *Helix (Tachea) subcarinata* Sbgr.

Diese Form, die in Anzahl gefunden wurde, scheint durch Uebergänge mit *Hx. moguntina* Desh. verbunden zu sein. Die beiden Hauptcharaktere, der Kiel und die Form des schwielig verdickten Spindelrandes finden sich gelegentlich auch bei dieser. Ob auch die Farbenzeichnung die gleiche war, kann ich nicht sagen, da mir Stücke mit Bändern noch nicht vorgelegen haben. — Aehnliche Formen besitze ich aus St. Johann und Nieder-Ingelheim in Rheinhessen.

13. *Helix (Tachea) moguntina* Desh.

Von dieser zahlreich und in sehr guter Erhaltung vertretenen Art liegen neben normalen Stücken von alt. 13, diam. 18 ½ mm auch solche mit etwas bogig verdickter Basallippe vor, wie es z. B. bei *Hx. larteti* Boissy Regel ist. Dabei kann sich eine, wenn auch schwache Kielanlage auf dem Anfang der Schlusswindung bemerkbar machen. Alt. 11 ½—12, diam. 18 ½—19 mm. Noch interessanter ist das Auftreten einer stark gelippten Form, in der ich die var. *splendidiformis* Sbgr. (Konch. d. Mainz. Tert.- Beckens Taf. 4, Fig. 6) mit Sicherheit erkannt zu haben glaube. Diese Stücke schliessen sich zwar an die eben erwähnten Formen mit bogig verdickter Basallippe an, überbilden aber diese Lippe schliesslich derart, dass eine fast zahnförmige, konvex hervortretende, wulstig verdickte Schwiele entsteht. Alt. 9 ½—12, diam. 15—18 mm. — Solche Formen kenne ich auch von Nieder-Ingelheim. Ueberdies fand Herr Fischer bei Budenheim eine Form in 2 Exemplaren, die bei konisch-kugeligem Gewinde sich auszeichnet durch eine die Mundränder verbindende Schwiele, die ganz auffällig verstärkt ist und sogar unter dem Ansatzpunkt des rechten Mundrandes die Andeutung eines Zahnes oder Knötchens aufweisen kann.

14. *Strobilus uniplicatus* (A. Braun).

2 Stücke in coll. Fischer. — Diam. 2—2 ¼ mm.

15. *Pupilla cupella* Bllgr.

Von Herrn O. Emmerich in 4 tadellosen Exemplaren gesammelt. — Alt. 2 ½, lat. 1 ½ mm.

16. *Pupilla quadrigranata* (A. Braun) mut. *suprema* Bllgr.

In prächtigen, dicklippigen Stücken gefunden mit deutlichem Knötchen unter dem Sinulus.

17. *Pupilla eumeces* Bllgr. mut. *maxima* n.

Nur in 4 Stücken, alle grösser als die typische Form aus der Schleusenkammer bei Niederrad, die grössten mit 6 ½—7 Umgängen und alt. 3—3 ½, diam. 1 ¼—1 ½ mm.

18. *Isthmia cryptodus* (A. Braun).

3 Stücke in coll. Fischer, die mit den an der Kurve bei Wiesbaden gesammelten vollkommen übereinstimmen.

19. *Negulus lineolatus* (A. Braun).

Nur ein Stück. Tritt ebenfalls in der gleichen Form auf wie an der Kurve.

20. *Leucochilus quadriplicatum* (A. Braun).

Nur drei von Herrn O. Emmerich und W. Wenz gefundene Stücke, die in Grösse und Bezahnung am besten mit Stücken von Appenheim bei Gaualgesheim (Rheinhessen) übereinkommen.

21. *Leucochilus fissidens* (Sbgr.).

Von dieser auch im Erbenheimer Tälchen und an der Kurve gefundenen Art liegen 3 Stücke aus Budenheim in coll. Fischer.

22. *Vertigo callosa* (Reuss) var. *alloeodus* Sbgr.

Liegt von Budenheim in 7 Stücken vor. Ein achtes Stück, das mehr kugelförmig ist und etwas weiteren Nabel zeigt, kann nur als eine leichte Abweichung vom Typus der Art bezeichnet werden.

23. *Vertigo ovatula* Sbgr. var. *hydrobiarum* Bttgr.

In einem Dutzend charakteristischer Stücke in coll. Fischer.

24. *Clausilia (Eualopia) bulimoides* A. Braun.

Von dieser in drei Stücken gefundenen prächtigen Schnecke habe ich etwas besonders Interessantes mitzuteilen. In der plumperen Totalform und der mehr kreisförmigen Mündung erinnert die Schnecke von Budenheim ausserordentlich an *Cl. eckingensis* Sbgr., und ich würde beide vereinigen, wenn ich den Schliessapparat der letzteren ganz übersehen könnte und mit dem der unsern identisch finden würde. — Die Falten und Lamellen der Formen von Budenheim sind identisch mit denen der typischen *Cl. bulimoides* A. Braun, mit Ausnahme der Spirallamelle, die bei zwei Stücken kräftig entwickelt ist und als deutliche „lamella spiralis conjuncta" sich mit der allerdings etwas mehr als beim Typus erhobenen Oberlamelle vereinigt. Das dritte Stück aber zeigt keine Spur einer Spirallamelle und stimmt darin überein mit meinen beiden Prachtstücken von der Kurve bei Wiesbaden und mit meinen beiden Exemplaren von Mainz, die alle vier nicht die leiseste Spur einer Andeutung von einer Spirallamelle besitzen. Wir haben also hier die wunderbare Tatsache, dass — vermutlich in verhältnismässig kurzer Zeit: zwischen Corbicula- und Hydrobienschichten — eine Clausilie sich in ihrem Schliessapparat deutlich und tiefgreifend verändert hat, und zwar in der Richtung der grösseren Vervollkommnung des Verschlusses. Bei einer rezenten Art konnte selbstverständlich eine solche Veränderung bei der kurzen Spanne Zeit, seit wir diese Dinge aufmerksam verfolgen, nicht eintreten; aber dass ein günstiger Zufall uns diese merkwürdige Tatsache erhalten hat, ist ein wesentlicher Fortschritt in der Erkenntnis dieser Verhältnisse. Da die Budenheimer Schnecke erst auf dem Wege ist, ihren Schliessapparat zu ändern — zwei Stücke haben die Veränderung vollzogen, ein drittes noch nicht —, so ist es ausgeschlossen, die Form von der in allen übrigen Kennzeichen identischen *Cl. bulimoides* A. Braun (event. var. *eckingensis* Sndbgr.) artlich zu trennen. Aber die Wahrscheinlichkeit erscheint jetzt grösser, dass wir bei der Form der oberen Hydrobienschichten auch noch das Schliessplättchen, das wir bis jetzt der Untergattung *Eualopia* Bttgr. absprechen mussten, auffinden können.

25. *Carychium antiquum* A. Braun.

Sehr zahlreich in coll. Fischer. Ein abnorm grosses Stück von alt. fere 1 ⅝, lat. ¾ mm in coll. Emmerich.

26. *Carychium nanum* Sbgr. var. *laevis* Bttgr.

4 mit denen des Klärbassins bei Niederrad übereinstimmende Stücke in coll. Fischer und Emmerich.

27. *Limnaea pachygaster* Tho.

Die besten von den vorliegenden Stücken der coll. Fischer messen alt. 28—29, diam. 16 mm, während Stücke meiner Sammlung von der Kurve bei Wiesbaden alt. 32, diam. 18 mm zeigen, also etwas bauchiger sind. Ein ganz junges Stück, das Herr K. Fischer fand, passt ebenfalls noch in den Rahmen dieser Art.

28. *Limnaea subpalustris* Tho.

Ein Fischer'sches Stück misst alt. 39, diam. 21 mm, während mein bestes Stück von dort auf alt. 20, diam. 10 $^1/_2$ mm herauskommt.

29. *Limnaea urceolata* A. Braun.

Ein leider an der Mündung stark verletztes Stück dieser seltnen Schnecke von alt. 33, diam. ca. 12 mm in coll. Fischer, während mein durch etwas grössere Wölbung der drei letzten Umgänge ausgezeichnetes Exemplar bei alt. ca. 34, diam. 13 mm besitzt.

30. *Limnaea minor* Tho.

Von dieser durchaus nicht häufigen Schnecke liegen 2 schöne Stücke in coll. Emmerich. — Alt. 7$^3/_4$—8$^1/_4$, lat. 3$^3/_4$—4$^1/_4$ mm.

31. *Limnaea* cf. *turrita* Klein.

Das von meinen Stücken der *L. turrita* nur in dem mehr verlängerten letzten Umgang abweichende einzige Exemplar in coll. Emmerich hat long. 6$^1/_2$, diam. 3 mm. und seine Mündung ist deutlich etwas höher als das Gewinde. — Ich kenne die Form auch vom Gaualgesheimer Kopf und möchte sie für eine Varietät der *L. turrita* erklären.

32. *Planorbis solidus* Tho.

Neben zahlreichen normalen Stücken dieser bei Budenheim recht häufigen Art fand Herr O. Emmerich ein Exemplar, das neben stark entwickelter Radialstreifung, die man bereits als Runzelung bezeichnen könnte, durch gedrückte Umgänge und besonders durch den parallellaufenden Ober- und Unterrand der Mündung auffällt, die deutlich breiter ist als hoch. Der Oberrand der Mündung erhöht sich kaum über die Höhe des letzten Umgangs. Alt. 5 1/4, diam. 22 1/2 mm; alt. apert. 5 1/2. lat. apert. 6—7 mm. — Bei der Veränderlichkeit dieser Art verzichte ich darauf, diesem Einzelstück einen Varietätsnamen zu geben, bemerke aber, dass sich in meiner Sammlung nur mittel- und obermiocäne Formen (var. *mantelli* Dkr.) finden, die sich in der abgeplatteten Schale und in der Gestalt der Mündung der vorliegenden Schnecke einigermassen nähern. Bei den übrigen zahlreichen Stücken von Budenheim, die mir zu Gebote stehen, wie auch bei denen von Station Kurve sind die Mündungen nicht oder nur wenig breiter als hoch, mehr gerundet und nicht so rechteckig wie bei dem Emmerich'schen Exemplar.

33. *Planorbis declivis* A. Braun.

So grosse Stücke wie die von Budenheim vorliegenden — diam. 5 3/4 mm — sind im Mainzer Becken sehr selten; sie stehen in der Grösse zwischen denen aus dem Mittelmiocän von Sansan und den besonders grossen aus dem untermiocänen Calcaire blanc de l'Agenais von Bulizac.

34. *Planorbis dealbatus* A. Braun.

Dies ist auch bei Budenheim die häufigste Art der Gattung.

35. *Planorbis crassilabris* (Sbgr.).

Sandberger, Land- u. Süssw.-Conch. d. Vorw, 1870—1875 p. 493, Taf. 25, Fig. 12.

Von dieser durch Sandberger ursprünglich als *Valvata* beschriebenen Form fand Herr K. Fischer ein prachtvoll erhaltenes, erwachsenes Stück von alt. 2, diam. $4^1/_2$ mm.

36. *Melanopsis callosa* Al. Braun.

Nur in zwei mässig erhaltenen Stücken in coll. Fischer, von denen das bessere mit vollständig erhaltener Spitze alt. 16, diam. $7^1/_2$ mm misst.

37. *Hydrobia ventrosa* (Mtg.).

Tritt in ungeheuren Massen und schichtenbildend auf. Die hier vorkommenden Stücke zeigen bald kürzere, bauchige Form von alt. $4^1/_2$, diam. $2^1/_2$ mm, bald längere, schlankere Form von alt. $5^1/_2$, diam. $2^1/_2$ mm.

38. *Hydrobia wenzi* n. sp.

Char. T. aff. *H. jenkinsi* E. A. Smith, sed minor, spira magis conica, carina inframediana cincta. — T. perforata, elongato-trochiformis, sat solida, nitida; spira exacte conica; apex acutus. Anfr. 5 striatuli, primi 2 parvi, convexiusculi, caeteri lente accrescentes, planati, subtus acute unicarinati, sutura profunde incisa sejuncti, ultimus infra medium filocarinatus, superne planatus, basi convexus, $^1/_5$ altitudinis testae aequans. Apert. subaxialis, subtus parum recedens, sat magna, rhombico-ovata; perist. continuum, acutum, intus undique sublabiatum, margine dextro ad carinam angulato, basali subeffuso, collumellari latiuscule trans perforationem reflexo. — Alt. $3^1/_4$ — $3^3/_4$, diam. $2-2^1/_4$ mm; alt. apert. $1^1/_2$. lat. apert. $1^1/_4$ mm.

Hab. Untermiocäner Hydrobienkalk von Budenheim, nur 2 Stücke ges. v. stud. rer. nat. W. Wenz, hier, und ihm zu Ehren benannt (coll. Boettger und Wenz).

Bemerkungen. Die reizende, kleine Novität verbindet die Form und Grösse der *H. pagoda* Neumayr mit der Kielbildung der *H. eugeniae* Neumayr. Dass sie zu den gekielten echten Hydrobien gehört, ist sehr wahrscheinlich, da sie mit der in England und Irland gefundenen *H. jenkinsi* E. A. Smith habituelle Aehnlichkeit zeigt.

39. *Paludina gerhardti* Bttgr.

Boettger, Notizbl. d. Ver. f. Erdk. Darmstadt IV, Heft 7, 1886 p. 7.

Ging mir 1906 durch Herrn K. Fischer in einem typischen Stück zu. — Alt. 23, diam. 21 mm; alt. apert. 16, lat. apert. 11 ½ mm. — Breite zu Höhe 1 : 1,10; Höhe der Mündung zu Höhe der Schale 1 : 1,40 (also fast wie bei var. *marcida* Bttgr.).

40. *Paludina pachystoma* Sndbgr.

Die von Herrn O. Emmerich erhaltenen drei Stücke gehören einer etwas schlankeren Art an mit mehr kegelförmigem Gewinde und deutlich weniger gewölbten Umgängen, die an der Naht nicht so horizontal wie bei der Art von Kurve bei Wiesbaden ansetzen, sondern sich durch schiefere Anlage mehr der echten *P. pachystoma* Sbgr. nähern. — Alt. 26—28, diam. 21—22 mm; alt. apert. 17, lat. apert. 13—14 mm. — Breite zu Höhe 1 : 1,26; Höhe der Mündung zu Höhe der Schale 1 : 1,59. — Da Sandberger für den von Mainz stammenden Typus seiner am Mundrand beschädigten *P. pachystoma* Breite zu Höhe (nach der Abbild.) wie 1 : 1,31 verlangt, nehme ich keinen Anstand, die zweite bei Budenheim vorkommende Form für diese Art zu erklären. Leider kann ich Originale nicht mehr vergleichen, da mein gesamtes Material von *P. pachystoma* und *P. phasianella* seit Jahren aus meiner Sammlung abhanden gekommen ist.

41. *Melanopsis callosa* A. Braun.

Nur ein schlechter, von K. Fischer gefundener Steinkern.

42. *Neritina marmorea* A. Braun.

A. Braun, Verh. Deutsch. Naturf.-Vers. 1842 p. 149; Sandberger, Konch. Mainz. Tert.-Beck. Taf. 7, Fig. 12a und d—g (*fluviatilis*, non L.).

2 Stück der bei Budenheim häufig vorkommenden Art wurden mir schon 1887 vom Landesgeologen Dr. K. Koch von dort übergeben. Sie gehören der nämlichen Form an wie die gleich grossen und gleich gefärbten Stücke aus dem Hydrobienkalk von Station Kurve und wie die kleineren von Mainz und die noch kleineren, seltenen und sehr einzeln auftretenden Stücke aus den Corbiculaschichten des Untergrundes von Frankfurt a. M., während die früher von Bad Weilbach erwähnten Stücke zu *N. callifera* Sbgr. gehören. Sie mit *N. fluviatilis* (L.) zu vereinigen, wie es alle Autoren bis jetzt getan haben, empfiehlt sich nicht, da sie, verglichen mit dieser, kugeliger ist, ein mindestens doppelt so grosses Gewinde zeigt und die Mündung erheblich höher ist und weniger breit nach rechts ausladet als bei dieser. Sie steht also der *N. danubialis* Mühlf., abgesehen von der Zeichnung, eigentlich näher als der *N. fluviatilis* (L.).

Muscheln.

43. *Congeria brardi* (Brongn.).

Häufig in kräftigen, gut erhaltenen Einzelklappen von long. 15, lat. 7½ mm und in 9 Doppelklappen von long. 12, lat. 6, prof. 6 mm (coll. Fischer).

44. *Mytilus faujasi* Al. Brongn.

Wurde in einem schönen Stück von long. 49, lat. 26 mm von O. Emmerich gesammelt. Schon von Fr. Sandberger aus Budenheim erwähnt.

Dass diese Fauna von 44 Arten den oberen Hydrobienschichten, also dem obersten Horizont unseres Untermiocäns, zuzuweisen ist, erhellt aus dem Mangel jedes Auftretens von *Potamides-* und *Corbicula-*Arten, sowie — worauf meines Wissens Landesgeologe Dr. Karl Koch zuerst aufmerksam gemacht hat — aus dem Fehlen der für die tieferen Schichten des Hydrobienkalks, resp. die Corbiculaschichten charakteristischen *Hydrobia inflata* (Fauj.).

Zur Terminologie der Mollusken-Skulptur.
Von
W. H. Dall.*)

A term for indicating the direction of the sculpture which crosses the whorls in general harmony with the axis of a spiral shell, in contrast with that wich follows the coil, has long been needed. The latter is generally and appropriately termed „*spiral*". The former has been called „*transverse*", meaning transverse to the line of coil, but not transverse to the axis; and *longitudinal*, a term which also has been used as synonymous with spiral. Both of these terms are ambiguous. „*Vertical*" has sometimes been used, but when the sculpture in question is sinuous or oblique, it sounds disagreeably like a contradiction in terms. Some years ago J proposed to use the term „*axial*" for this sculpture, though in many cases it does not mathematically coincide with the axis of revolution; yet it seemed appropriate brief and comprehensible. If, however, anything less liable to miscomprehension and in general more suitable, can be suggested, J shall be glad to adopt it. It should be remembered, in considering the subject, that the axis is not always vertical, and that vertical is an absolute term, vertical sculpture cannot logically be oblique, sinuous or arcuate, while an axis may be either, as, for instance in Streptaxis or some Eulimas. —

For the direction of axial ribbing or other sculpture, which is not strictly parallel to a vertical axis, concise terms are also needed to indicate whether the ribs slant forward from the summit of the whorles at the preceding suture, which migth be called „*protractive*", or backward,

---

*) Wir bringen diese in einer Anmerkung in der Bearbeitung der Albatross-Bucciniden (Smithson Miscell. Coll. No. 1727, Quarterly Issue No. 50 part. 2) hier zum Abdruck, da diese Frage immer noch nicht geklärt ist.

for which the term „*retractive*" might be used. Ribbing at right angles to the suture would naturally be called „*paraxial*" or vertical, as might be most appropriate to the special case. —

Auch eine Lokalfauna.

In der Hessischen Landes- und Volkskunde von Hessler — einem in allen anderen Teilen sehr gut durchgeführten Werke — finden wir im ersten Bande auch ein Kapitel Pflanzen- und Tierwelt, bearbeitet von Herrn Mittelschullehrer S. Schlitzberger. In demselben wird die Molluskenfauna an zwei Stellen behandelt. S. 207 finden wir (gestützt auf eine Arbeit von Dr. Schwab in der Landwirtschaftlichen Zeitschrift für Kurhessen 1902) aus der Umgegend von Cassel folgende Arten von Schnecken angeführt:

Helix nemoralis, Helix hortensis, Helix pomatia, Limax agrestis, Limnaeus stagnalis, Physa fontinalis, Limax rufus, Limax ater, Helix arbustorum, Helix planorbis, Helix ericetorum, Helix nemorosa, Pupa muscorum.

Seite 228 u. 229 wird die Gesamtfauna von Kurhessen aufgeführt. Es sind:

Limax cristatus, Limax marginalis, Limax cinerosniger, Daudebardia rufa, Daudebardia nivalis, Vitrina diaphana, Hyalina cellaria, Hyalina crystalina, Helix nitens, Helix nitidula, Helix fulva, Helix rotundata, Helix rupestris, Helix aculula, Helix pulchella, Helix costata, Helix personata, Helix bidentata, Helix sericea, Helix fruticum, Helix strigella, Helix incarnata, Helix carthusiana, Helix lapicida, Helix ericetorum, Helix arbustorum, Helix nemoralis, Helix hortensis, Helix pomatia.

Bulimus radiatus, Bulimus tridens, Bulimus quadridens, Bulimus montanus, Bulimus obscurus.

Achatina lubrica.

Pupa frumentum, Pupa secale, Pupa avenacea, Pupa minutissima, Pupa pusilla, Pupa pygmaea.

Clausilia laminata, Clausilia ventricosa, Clausilia philcatula, Clausilia laminata, Clausilia cruciata, Clausilia dubia, Clausilia parvula, Clausilia biplicata; Balea fragilis; Succinea putris, Succinea Pfeifferi, Succinea oblonga, Carychium minimum; Valvata piscinalis, Valvata virigaria, Planorbis corneus, Bythima tenitaculata, Lymnaeus auricularis, Lymnaeus pereges, Lymnaeus ovatus, Lymnaeus palustris, Lymnaeus glutinosus, Lymnaeus stagnalis, Planorbis albus, Planorbis contortus, Planorbis marginatus, Planorbis spirorbis, Planorbis vortex, Physa fontinalis, Uva batarus, Uva tumidus, Uva pictorum, Uva margaritifer, Anodonta piscinalis, Anodonta cygnea, Anodonta ponderosa, Anodonta gibba, Anodonta complanata, Anodonta calyculata, Anodonta obliquum.

So geschehen im Jahre 1906 in der Heimat der beiden Pfeiffer.

Ein neuer Odontostomus.

Von

H. Rolle.

Odontostomus bergi Boettger & Rolle n.

Testa sat late perforata, elongate conica vel subfusiformis, solida, vix nitens, oblique irregulariter costellato striata, cinereo - albida, fusco - strigata ac maculata, summo fuscescente. Spira elongato — conica, subturrita, lateribus planis, apice acutulo; sutura impressa, in anfractibus inferis profundior ac magis descendens. Anfractus 11—12 lentissime accrescentes, vix conveziusculi, inferi 2 altiores sed vix latiores, ultimus postice ¹/₄ altitudinis vix superans, ad suturam contractus, antice ascendens, basi sulco profundo exaratus, dein circa umbilicum in cristam compressus. Apertura parum obliqua, elongato ovato, marginibus callo subcontinuis; dentibus 5 coarctata: plica compressa in medio pariete aperturali, plica magna oblique intrante, infra truncata in columella, dentibusque tribus subaequidistantibus, supero minore, infero sulco externo respondente in margine externo dilatato, reflexo; margo columellaris quam externus fere duplo brevior, oblique intuenti valde dilatatus, perforationem obtegens. Alt. 29, diam. max. 11, alt. apert. obl. 9, lat. 6,E mm.

Hab. Salta, in parte boreali Argentiniae, leg. Steinbach 1905.

Diagnosen neuer Vivipara-Formen.
Von
W. Kobelt.

Vivipara (dissimilis var. ?) hilmendensis n. subsp.
(cfr. M. Ch. II. t. 59 fig. 9—12).

Testa obtecte umbilicata, ovato-conica vel ovato turrita, solidula vel parum crassa, nitida, subtiliter striatula, sculptura spirali inconspicua, albida, obsolete fusco fasciata, fascia lata in anfractibus superis, 2 latis in ultimo. Spira conica vel turrita, apice in speciminibus extantibus fracto, in embryonalibus acutissimo; sutura distincta sed vix impressa. Anfractus 7 (superst. plerumque 5) convexi vel subteretes, mediani infra suturam plus minusve planati, ultimus tumidus, rotundatus, vix descendens. Apertura ovato-rotundata, supra vix acuminata, intus fuscescenti-albida; peristoma album, tenue, acutum, marginibus callo tenui junctis, columellari leviter super umbilicum dilatato. Operculum intus disco pedali rugoso vix prominente munitum. —

Alt 24—28, diam. 20—22,5 mm.

Prov. Seistan, Persien, im unteren Gebiete des Hilmend.

Vivipara annendalei n. (cfr. M. Ch. II t. 57 fig. 11, 12).

Testa vix rimata, ovata, tenuis, subtiliter striatula, sculptura spirali nulla, viridifusca, saturate fusco varie fasciata. Spira late conica, sat brevis, apice acutissimo; sutura linearis, impressa. Anfractus 6 celeriter accrescentes, superi conveziusculi, penultimus convexus, supra angulato-planatus, bifasciatus, ultimus tumidus, inflatus, supra vix planatus, medio obsolete angulatus, basi convexus, fasciis 4—6 lineolisque nonnullis angustis ornatus, antice haud descendens, Apertura magna, irregulariter ovata, supra angulata, faucibus livide coerulescentibus fasciis externis translucentibus; peristoma acutum, tenue, marginibus vix callo tenuissimo junctis, externo supra producto, basi cum columellari leviter dilatato et umbilicum fere obtegente angulum parum distinctum formante.

Alt. 26,5, diam. max. 21, alt. apert. obl. 16, lat. 11,5 mm.

Von Sowerby & Fulton als V. dissimilis var helicina Fild., Südindien erhalten, aber von dieser Gruppe gut verschieden und wahrscheinlich, wie ihre nachfolgende Varietät, aus Nordindien.

Vivipara annendalei halophila n. subsp.

Testa rimato-perforata, ovato-globosa, summo omnino cariose erosa, tenuis sed solidula, parum nitens, striatula, sub vitro fortiore vix subtilissime spiraliter sculpta, viridi-fusca, fasciis nigro-castaneis 4-5 cincta. Spira in spec. adultis erosa, in junioribus breviter conica, apice acuto; sutura linearis. Anfr. 6 (persistentes 3-4), penultimus infra suturam angulato-tabulatus, ultimus inflatus, ad peripheriam obsolete angulatus, fasciis 3 majoribus et 2-3 linearibus cinctus, antice haud descendens. Apertura magna, ovata, supra acuminata, infra subeffusa, faucibus coerulescentibus; peristoma tenue, acutum, marginibus vix junctis, columellari vix dilatato. Operculum magnum, tenue, corneum, extus concavum, intus disco pedali haud rugoso. —

Alt. 24, diam. maj. 20, alt. apert. obl. 13, lat. 11 mm.
Salt Range in Nordindien.

Streifzüge im östlichen Erzgebirge.
Von
Albert Vohland, Leipzig.

I.

Von Streifzügen kann man billigerweise nicht ausführliche Ergebnisse erwarten. Es liegt in der Natur der Sache, dass Gebiete grösserer Ausdehnung, über deren Fauna man sich einigermassen im ganzen orientieren möchte, zunächst ja wohl manches Charakteristische erkennen lassen, aber keineswegs so gründlich auf den ersten Anlauf durchforscht werden können, dass man mit gutem Gewissen sagen kann: Das ist die Fauna des Gebietes. Der gewählte Titel nachfolgender Arbeit möge also gleichzeitig die Lückenhaftigkeit entschuldigen. Wasserschnecken wurden gar nicht gesammelt, auch konnte ich die Minutien nicht gehörig berücksichtigen.

Da ich in Musse vorgenanntes Gebiet in den folgenden Jahren zu durchforschen gedenke, will ich auch von einer Würdigung der geologischen, tektonischen, hydrographischen und floristischen Verhältnisse gegenwärtig absehen, wiewohl diese Fragen zum Teil ausgezeichnet vom Archiv der Landesdurchforschung des Königreichs Böhmen abgehandelt worden sind. Vorläufig sei nur das allernotwendigste mitgeteilt.

Es handelt sich hauptsächlich um das Absturzgebiet des Erzgebirges nach Nordböhmen vom Mückenberg nördlich von Graupen bis Olbernhau-Katharinaberg. Das Gebiet ist von der Kultur in keiner Weise beeinträchtigt, ausgenommen natürlich forstwirtschaftlicher Bemühungen. Der Untergrund ist durchweg kalkarm: Gneise, Granite und nur vereinzelt jüngere Basalte. Der Absturz ist hundertfach gegliedert, tektonisch sehr kompliziert, von tiefen, enggründigen, wasserreichen Schluchten durchfurcht, zum weitaus grössten Teile von prächtigem Nadelwalde und vereinzelt von ausgedehnten Buchenwaldungen geschmückt.

Infolge der Kalkarmut ist die Schneckenfauna nirgends besonders reich; nur wo an Bauwerken reichlich Kalk verwendet wurde, ist reges Leben. Ein solcher Punkt ist Schloss Purschenstein bei Neuhausen im oberen Flöhatale am Nordhang des Gebirges, auf sächsischem Gebiete. Hier kleben die Clausilien zu tausenden an den alten Schlossmauern, wie ich es in Sachsen sonst nirgends gefunden habe.

In dem durchwanderten Teile fanden sich folgende Arten:

I. Limax, Müller.

1. *L. agrestis* Linne.

Ist im Gebiet nicht häufig. Böhmen: Am Wege von Fleyh nach dem schwarzen Teich in den Forsten des Grafen Waldstein; Schlucht zw. Gebirgsneudorf und Obergeorgental; zw. Fleyh und Georgendorf. Sachsen: Schloss Purschenstein bei Neuhausen a. d. oberen Flöha.

2. *L. maximus* var. *cinereo — niger* Wolf.

Eine rechte Charakterschnecke des östlichen Erzgebirges, besonders auf böhmischer Seite. Ueberall wo alte Baumstumpfen sich finden, trifft man die Varietät an. Hauptbedingung ist aber immer, dass die alten Stümpfe noch mit Rinde, die etwas abgelockert sein muss, überzogen sind. Die von der Rinde entblössten Stümpfe vermögen den Schnecken keinen Schutz vor direkter Bestrahlung zu bieten und enthalten auch nicht die nötige Feuchtigkeit. Man findet an diesen im ganzen Gebiete höchstens Patula rotundata Müller und vielleicht vereinzelt die genügsame Clausilia laminata Montagu. Böhmen: Zwischen Moldau und Neustadt; am Stürmerberg bei Niclasberg; Hüttenschänke zw. Klostergrab und Strahl; Krinsdorf-Willersdorfer Schlucht; Fley; schwarzen Teich bei Göhren; Flössgraben oberhalb Rauschengrund; Brucher Grund; Gebirgsneudorf; Grund von Obergeorgental; Mückenberg; westlich von Graupen; Bad und Haltestelle Eichwald. Sachsen:

Schloss Purschenstein bei Neuhausen a. d. oberen Flöha;
Schweinitzmühle a. d. Schweinitz bei Olbernhau.

3. *L. maximus var. unicolor* Heynemann.

Viel seltener als die vorige Art, nur auf sächsischer
Seite. Schloss Purschenstein a. d. Flöha; Dittersbach bei
Neuhausen a. d. Flöha.

4. *L. tenellus* Nilsson.

Färbung. schwankt zwischen zart schwefelgelb bis fast
orangegelb. Böhmen: An Buchenstämmen im Kessel von
Niklasberg; sehr zahlreich in der Krinsdorf-Willersdorfer
Schlucht; vereinzelt im Flössgraben oberhalb Zettel; Rauschengrund; Oberleutendorf; Schweinitzgrund bei Hirschberg. Sachsen: Niederseiffenbach a. d. oberen Flöha;
Eichwald bei Teplitz.

5. *L. arborum* Bouch.-Cantr.

Ausserordentlich verbreitet und sehr zahlreich, besonders an Buchen und Ahornstämmen. Viel häufiger noch
als L. max. var. cin. niger, aber im Gegensatz zu diesem
verborgenen Tiere am liebsten im Freien ziehend. So fand
ich sie nach strömenden Regen im Krinsdorfer Grund zu
Hunderten an den prächtigen Buchenstämmen kletternd.
Böhmen: Hüttenschenke; Hüttengrund unweit Klostergrab; Krinsdorfer Grund; bei Fleyh; Flössgraben b. Göhren;
Rauschengrund; b. Gebirgsneudorf; Nickelsdorf. Sachsen:
Mückenberg; Eichwald Bad; an der Grenze bei Deutsch-
georgental; im Flöhatal am Schloss Purschenstein: Dittersbach; im Schweinitztal bei Hirschberg; Niederlochmühle.

II. Vitrina Draparnaud.

6. *V. pellucida* Müller.

Nur an einer Stelle erwachsen lebend, sonst nur leere
Schalen. Böhmen: Neuhaus; Moldau; Krinsdorfer Schlucht;
Willersdorf; Flöhatal bei Fleyh.

7. *V. diaphana*, *Draparnaud*.

Böhmen: Niklasberg an sehr feuchter, quelliger Stelle an Buchenstümpfen: Willersdorfer Schlucht.

8. *V. elongata*, *Draparnaud*.

Böhmen: Flössgraben bei Göhren; Fleyh a. d. Flöha. Sachsen: Schloss Purschenstein.

III. Hyalina Férussac.

9. *H. cellaria*, Müller.

Nicht häutig angetroffen. Böhmen: Krinsdorf-Willersdorfer Schlucht; Tunnel bei Krinsdorf; Sachsen: Schloss Purschenstein a. d. oberen Flöha; Haltestelle Bienenmühle a. d. Mulde.

10. *H. cellaria Müller var?*

Nur bei Gebirgsneudorf, zwischen den Mauerungen der Strasseneinfassung. Farbe dunkler als bei cellaria, gelblich hornfarben. Gewinde höher, Naht tiefer, Mündung von grösserer Höhe.

11. *H. nitens*, Michaud.

Zwei Exemplare aus der Krinsdorf-Willersdorfer Schlucht an Buchenstümpfen. Letzter Umgang rasch erweitert, merklich herabgedrückte Mündung. Farbe wesentlich heller als bei der folgenden Art.

12. *H. nitidula*, *Draparnaud*.

Ebenfalls aus der Krinsdorfer Schlucht.

13. *H. pura*, Alder.

Dem Rate Clessins folgend füge ich für diese und die folgende Art eine genauere Beschreibung bei, um einem Irrtum zu steuern: Gehäuse klein, Gewinde wenig erhoben, gelblich hornfarben, einzelne etwas dunkler, gestreift, teilweise undeutlich, Umgänge 4, letzter Umgang nicht besonders hervortretend, Nabel weit, Mündung nicht herabsteigend. Böhmen: Krinsdorfer Schlucht, selten. Sachsen: Schloss Purschenstein a. d. oberen Flöha.

14. *H. pura v. viridula*, Menke.

Etwas grösser als pura, mehr kugelig, sehr hell weisslich mit einem leichten Schein ins crèmefarbene. Nur 1 Exemplar aus der Krinsdorfer Schlucht.

15. *H. radiatula*, Gray.

Gehäuse etwas kleiner als bei pura, gelblichbraun, sehr stark glänzend, sehr deutlich und sehr eng gestreift, Mündung merklich herabgehend, Nabel enger aber deutlich und tief. Verbreiteter als pura. Böhmen: Eichwald b. Teplitz; Krinsdorfer Schlucht; Flössgraben unterh. Göhren; Brucher Grund.

16. *H. radiatula v. petronella*, Charpentier.

Wie radiatula, Gehäuse wesentlich grösser, mehr erhobenes Gewinde, zartgrün, glashell. An sehr feuchter, quelliger von üppigem Pflanzenwuchs überkleideter Stelle nördlich von Fley am linken Ufer der Flöha.

17. *H. (Vitrea) crystallina*, Müller.

Weit verbreitet. Böhmen: Moldau; Neustadt; Niklasberg; Flössgraben bei Göhren; Rauschengrund; quellige Stelle a. d. Flöha bei Fley; Willersdorfer Schlucht.

18. *H. (Vitrea) subrimata*, Reinhardt.

Nur aus der Krinsdorf-Willersdorfer Schlucht bei 860 m Höhe.

19. *H. (Conulus) fulva*, Müller.

Scheint überall im Gebirg vorzukommen. Böhmen: Niclasberg; Krinsdorfer Schlucht; Hüttenschenke, Flössgraben b. Göhren; Krinsdorf-Willerdorfer Schlucht. Sachsen: Dittersbach a. d. Flöha.

IV. Arion Fèrussac.

20. *A. empiricorum*, Fer.

Ueberall fand ich diese Art von einer erstaunlichen Grösse. Alle Tiere schienen erwachsen zu sein. Alle zeichneten sich aus durch eine tiefschwarze Färbung, die so vollständig über den Rücken läuft, dass selbst der über der Sohle hinlaufende Saum kaum zu erkennen ist. Die meisten der Tiere weisen ausserdem auf der Sohle zwei schmutzig graublaue Streifen auf, die, wie bei Limax cinereo niger, durch einen weissgrauen Mittelstreifen von einander getrennt sind. Nur an einer sehr feuchten, quelligen Stelle mit üppigem Pflanzenwuchs traf ich kleine, grünlichweise Tierchen, die im Gegensatz zu den erwachsenen ziemlich lebhaft umherkrochen. Böhmen: Eichwald; Hüttenschenke; Willersdorfer Schlucht; Flössgraben im Graf Waldsteinschen Forst; Rauschengrund; Deutsch-Georgendorf jenseits der Grenze; bei Fleyh an der Flöha unterhalb Fley jung; Gebirgsneudorf; Sachsen: Purschenstein b. Neuhausen a. d. Flöha; Hirschberg im Schweinitzgrund und Niederlochmühle.

21. *Arion subfuscus*, Drap.

Wenn Clessin in seiner Exc. Mollf. von Deutschland in zweiter Auflage schreibt: „stets seltener als Ar. empiricorum", so stimmt das ganz und gar nicht für das östliche Erzgebirge. Zwar ist Limax arborum ausserordentlich häufig im Gebiet, aber auch anderwärts in Sachsen bei günstigen Verhältnissen massenhaft anzutreffen, dagegen trifft man wohl sonst nirgend mit so absoluter Sicherheit Arion subfuscus an jedem alten Stumpfe, wie gerade hier im östlichen Erzgebirge. In jeder Schlucht, an jedem nur halbwegs feuchten Brett trifft man sie an, sodass man sie als stete Charakterschnecke für vorliegendes Gebiet zu betrachten hat. Hier in den enggründigen, kühlen und feuchten Tälern scheint sie ihre rechten Lebensbedingungen in Fülle zu finden. Ihre Färbung schwankt vom hellen gelbbraun bis zum schmutzig dunkeln orange in grauschwarzer Ablönung. Nur einige Fundorte: Böhmen: Neustadt; Niklasberg; Moldau; Hüttenschenke (sehr dunkel) Willersdorfer Schlucht; Flössgraben vereinzelt; Rauschengrund; Bruchergrund; Sachsen: Deutsch-Georgental; Dittersbach; Niederseiffenbach; Hirschberg i. Schweinitzgrund.

22. *Arion Bourguignati*, Mabille.

Nur ein Exemplar aus der Willersdorfer Schlucht.

V. Patula Held

23. *P. rotundata*, Müller.

Ueberall im Gebiet.

24. *P. ruderata*, Studer.

Nur an Baumstumpfen von Buchen und Fichten. Böhmen: Krinsdorf-Willersdorfer Schlucht in grösserer Höhe erst aufgefunden; Flössgraben bei Göhren; Sachsen: im oberen Flöhatal bei Dittersbach; Niederseiffenbach; Hirschberg im Schweinitzgrund.

VI. Trigonostoma Fitzinger.

25. *T. obvoluta*, Müller.

Recht selten im Gebiet. Böhmen: Eichwald; Willersdorfer Schlucht.

VII. Isognomostoma Studer.

26. *J. holoserica*, Studer.

Selten; nur in der Krinsdorf-Willersdorfer Schlucht.

27. *J. personata*, Lamarck.

Selten; Krinsdorfer Schlucht; Flössgraben bei Hauschengrund; Eichwald.

VIII. Fruticicola Held.

28. *F. unidentata*, Draparnaud.

Nur auf böhmischer Seite. Krinsdorfer Schlucht; zahlreich unerwachsen. 1 albines Exemplar; Flössgraben oberhalb Rauschengrund, erwachsen.

29. *F. hispida*, Linné.

Kessel von Niklasberg; Sachsen: Schloss Purschenstein a. d. Flöha. Von hier sehr grosse und sehr dunkel gefärbte Gehäuse.

30. *F. umbrosa*, Partsch.

Nur an Schloss Purschenstein b. Neuhausen a. d. Flöha. Alle unerwachsen bis 4$^1/_2$ Umgänge.

31. *F. incarnata* Müller.

Verbreitet, aber überall, wahrscheinlich infolge der herrschenden Kalkarmut spärlich. Böhmen: Neustadt; Niklasberg; Teplitz; Eichwald; Klostergrab; Krinsdorfer Schlucht; Flössgraben; Brucher Grund; Gebirgsneudorf; Obergeorgental. Sachsen: Schloss Purschenstein; Dittersbach; Niederseiffenbach; Oberneuschönberg; Hirschberg im Schweinitzgrund; Deutsch-Katharinaberg.

IX. Chilotrema Leach.
32. *Ch. lapicida* Linné.

Selten. Böhmen: Bahnbrücke b. Krinsdorf. Sachsen: Schloss Purschenstein, hier unerwachsen und häufig.

X. Arionta Leach.
32. *A. arbustorum* Linné.

In den Schluchten des Südabfalls vereinzelt, aber trotz der Höhe normale Grösse. Im oberen Flöhatal bei Neuwernsdorf gelblich bis hell olivgrünlich und klein. Von Schloss Purschenstein ungewöhnlich gross und sehr dunkel, sächsischerseits fast ausnahmslos erwachsen, böhmischerseits alle unerwachsen.

XI. Tachea Leach.
34. *T. hortensis* Müller.

Nur 1 Exemplar aus dem Flössgraben oberhalb Rauschengrund. Ungebändert.

35. *T. hort. rar. fusco-labiata*, Kreglinger.

Nur ein Exemplar aus dem Flössgraben oberhalb Rauschengrund mit T. hortensis zusammen.

XII. Helicogena Risso.
36. *H. pomatia* Linné.

Sehr selten. Nur von der Bahnmauer bei Krinsdorf; unerwachsen.

XIII. Buliminus Ehrenberg.
37. *B. montanus Draparnaud.*
Schloss Purschenstein a. d. Flöha.

XIV. Cochlicopa Risso.
38. *C. lubrica* Müller.
Junge Exemplare an quelliger Stelle bei Fley.

XV. Edentulina Clessin.
39. *E. edentula Draparnaud.*
In Böhmen bei Fley an quelliger Stelle mehrfach, einzelne Exempl. fast bernsteingelb.

XVI. Vertilla Moquin-Tandon.
40. *V. pusilla* Müller.
Nur 1 Ex. aus der Krinsdorf-Willersdorfer Schlucht, an sehr feuchter, holzreicher Stelle.

XVII. Clausilia Draparnaud.
41. *Cl. laminata Montagu.*
Ueberall ziemlich häufig anzutreffen. Mit Vorliebe an Ahorn und Buchen aufsteigend. Alle kirschbraun. Böhmen: Niklasberg; Hüttenschenke; Eichwald; Mückenberg; Krinsdorfer und Bruchergrund; Flössgraben; Gebirgsneudorf. Sachsen: Purschenstein; Niederseiffenbach; Schweinitzgrund bei Niederlochmühle.

42. *Cl. (Fusulus) varians* Ziegler.
Im Gebiet fast ebenso häufig als laminata. Scheint ihrem Vorkommen nach sehr günstige Bedingungen zu finden und sich durchaus nicht, wie sonst reliktoide Posten, im Rückgange zu befinden. Merkwürdig ist, dass diese so leicht erkennbare Art bisher nur vom Geisingberge und bei Stadt Bärenstein in Sachsen bekannt war. Es ist dies ein schlagender Beweis dafür, dass unser prächtiges Erzgebirge noch nie gründlich, ja kaum flüchtig malakozoologisch durchsucht worden ist. Man möge sich deshalb bei den

Angaben im „Erzgebirge" nicht eigentlich das Kamm- und Absturzgebiet vorstellen, sondern die weitausstrahlenden Ausläufer desselben nach Sachsen. Meines Wissens stammt aus der höheren Region nur eine Arbeit von Herrn Ehrmann*) Leipzig, in der uns von Pupa ronnebyensis mitgeteilt wird. Es mag sein, dass infolge der gegenwärtigen äquatorialen Pendulation, (die wir allenthalben zu bemerken in der Lage sind, nachdem uns Prof. H. Simroth sein prächtiges Werk über die Pendulationstheorie geschenkt hat) die reliktenhaft auftretende Schnecke durch die veränderten feinen klimatischen Zustände ihres versprengten Wohngebietes einen Hauptantrieb empfangen mag zu neuerlicher starker Emigration über ihre engen Grenzen hinaus; aber dennoch können sich die Markungen in etwa 50 Jahren nicht so stark verschoben haben, dass wir sie jetzt in einem so weit ausgedehnten Gebiet plötzlich finden. Das muss uns ein Ansporn zu regem Eifer sein.

Unter der Menge zeichnen sich einzelne Exemplare durch ausserordentliche Schlankheit aus. Die am Südabfall gesammelten sind zum weitaus grössten Teile zart grün oder grüngrau, in der Minorität hell hornbraun gefärbt, am Nordhang ist das umgekehrte Verhältnis der Fall. **Böhmen:** Aufstieg zum Mückenberg; am Eichwalder Wasserwerk; zwischen Eichwald und Teplitz; bei Klostergrab; Krinsdorfer Schlucht massenhaft; Flössgraben unterhalb Göhren; Brucher Grund sehr selten; **Sachsen:** unterhalb Neuwernsdorf; Rauschenbach; bei Dittersbach sehr zahlreich; bei Niederseiffenbach; im Schweinitzgrund bei Niederlochmühle; bei Brandau am linken Ufer der Schweinitz auf böhmischem Grunde.

Das Schneckchen hält sich mit Vorliebe unter der Rinde alter Buchen-, Ahorn- und Fichtenstumpfe auf.

*) Ehrmann: Beitr. zur Kenntnis d. Mollf. d. Kgr. Sachsen, in Sitzgsber. d. natforsch. Ges. z. Leipzig 1895/96.

43. *Cl. (Alinda) biplicata Montagu.*

Vom Purschenstein sehr bauchige, äusserst grosse Exemplare. Nicht häufig im Gebiet. Böhmen: Krinsdorfer Schlucht; Flössgraben. Sachsen: Schloss Purschenstein.

44. *Cl. (Alinda) plicata Drap.*

Nur von Schloss Purschenstein; zahlreich.

45. *Cl. (Strigillaria) cana* Held.

Zahlreich in der Krinsdorf-Willersdorfer Schlucht in Böhmen.

46. *Cl. (Kuzmicia) dubia Drap.*

In ungeheurer Menge an den Mauern von Schloss Purschenstein.

47. *Cl. (Pyrostoma) nigricans.* Pult.

Sehr selten. Schloss Purschenstein b. Neuhausen.

48. *Cl. (Pyrostoma) pumila* Ziegler.

Mehrfach in der Krinsdorfer Schlucht bei Klostergrab.

49. *Cl. (Pyrostoma) ventricosa Drap.*

Krinsdorfer Schlucht bei Klostergrab zahlreich.

50. *Cl. (Pyrostoma) plicatula, Drap.*

Böhmen: Hüttenschenke; Flössgraben bei Rauschengrund; Krinsdorfer Schlucht. Sachsen: Purschenslein, auffällig bauchig.

XVIII. Ancylus Geoffroy.

51. *A. fluviatilis* Müller.

Flössgraben und Krinsdorfer Schlucht.

XIX. Carychium Müller.

52. *C. minimum* Müller.

An der Flöha bei Fley.

Neue und wenig bekannte Lokalformen unserer Najadeen.
Von
Fr. Haas.

Aus dem Formenkreis der Anodonta (Pseudanodonta) complanata Zglr.

1. *Anodonta (Pseudanodonta) nicarica* m.

Muschel länglich eiförmig, nach hinten und unten etwas zugespitzt. Wirbel nach vorne liegend, sehr wenig vorragend, meist abgerieben, sodass das rosenrote oder bläulich-weisse Perlmutter freiliegt. Die Schale ist verhältnismässig stark und bei grossen Stücken ziemlich dick. Der Oberrand ist nahezu horizontal und fällt in schwach konvexer Linie gegen das Hinterende ab, mit dem hinteren Ende des Unterrandes eine leicht gerundete Ecke bildend. Der vordere Teil des Oberrandes geht durch den halbkreisförmigen Vorderrand in den horizontalen oder ganz wenig gebogenen Unterrand über. Die Schale zeigt deutliche Anwachsstreifen, die Epidermis ist bei jungen Stücken olivengrün, bei alten schmutzig braungrün. Strahlen sind nur bei jungen Stücken vorhanden. Die Innenseite der Schale zeigt das unter den Wirbeln rosenrote, nach dem Rande zu bläulich-weisse Perlmutter.

Länge: 7,8 cm, Höhe 3,9 cm, Dicke: 2,1 cm.

Von dem Ziegler'schen Typus unterscheidet sich diese Form durch den nahezu horizontal verlaufenden Oberrand und durch das Fehlen der Strahlen im ausgewachsenen Zustande. Auch ist die Ecke zwischen Oberrand und Vorderrand nicht so scharf ausgeprägt.

Vorkommen: Im Neckar bei Heidelberg.

Aus dem Formenkreis des Unio tumidus Retz.

2. *Unio rhenanus* Kob. Icon. N. F. fig. 297.

Fauna Nass. Moll. 1. Nachtr. 1886 pl. 5, fig. 3.

Diese Form wurde von Kobelt ursprünglich als neue Art beschrieben, das Auffinden einer Menge von Zwischenstufen zwischen ihr und dem Unio tumidus Retz. hat ihre

Zugehörigkeit zu dem Formenkreise des letzteren, aber auch ihre Berechtigung für einen eigenen Varietätsnamen, als sicher erwiesen.

Der Unio rhenanus unterscheidet sich von dem U. tumidus durch das äusserst kurze Vorderteil, das durch einen fast in gerader Linie zum Unterrande abfallenden Oberrand begrenzt wird. Die Folge hiervon ist eine Verschiebung der grössten Höhe nach hinten; die Wirbel sind meist aufgetrieben und nach vorne etwas eingerollt. Das Ligament ist etwas verkürzt, aber breit und stark. Die Schlosszähne sind etwas vereinfacht, indem der vordere Zahn der linken Klappe mehr oder weniger reduziert erscheint. Das von Kobelt (l. c.) abgebildete Exemplar zeigt nicht das Extrem der lokalen Veränderung vom Typus, auch ist es nicht ausgewachsen. Die Maasse eines ausgewachsenen Stückes sind:

Länge; 7,5 cm, Höhe 4,2 cm, Dicke 2,8 cm.

Vorkommen: Im Rheingau (Kobelt), im Erfelder Altrhein, im Neuhofener Altrhein (Haas).

Aus dem Formenkreise des Unio batavus Lam.
3. *Unio Hassiae* m.

Unterscheidet sich vom Typus durch das stark verlängerte Hinterteil, sowie durch die Verkürzung des Vorderteils. Diese beiden Erscheinungen folgen aber nicht auseinander, wie man anzunehmen geneigt ist, sondern sind unabhängig von einander eingetreten. Die Wirbel liegen nahe dem Vorderrande, dem sie zu gekrümmt sind. Die Farbe der Epidermis ist dunkel braun mit hellen gelbgrünen Streifen. Die Zähne sind im Verhältnis zur Länge der Muschel schwach entwickelt.

Länge 6,2 cm, Höhe 3,4 cm, Dicke 2,4 cm.

Vorkommen: Im Rheingau (Kobelt), im Erfelder und im Lampertheimer Altrhein (Haas).

Dem Regierungs-Dampfer Hassia, auf dem wir unsere Rheinuntersuchung ausführten, zu Ehren benannt.

Aus dem Formenkreise des Unio pictorum L.

4. *Unio grandis* A. Braun.

Rossmässler, Jcon, Fig. 741.
Kobelt, Fauna Nass. Moll. 1. Nachtr. 1886 pl. 4 fig. 1.

Unterscheidet sich vom Typus durch die starke Entwicklung des Vorderteils, deren Folge die Verschiebung der Wirbel nach der Mitte zu ist. Die Muschel ist äusserst bauchig, die Wirbel rollen sich ein und können einander berühren und abschleifen. Das Schloss ist vergrössert, aber sonst normal.

Diese Form ist für den ganzen Mittelrhein, den sie schon im Diluvium bewohnte, charakteristisch. In Altrheinen oder in Teichen, die mit dem Rhein in Verbindung stehen, werden die Muscheln äusserst lang und verlängern, da der weiche Schlammgrund derartiger Gewässer dem Wachstum wenig Widerstand leistet, ihr Vorderteil viel beträchtlicher, als es die im kiesigen Boden des fliessenden Rheines lebende Stammform kann. Der Braun'sche Typus ist die Form eines Teiches; sie wurde von Rossmässler l. c. abgebildet.

Ihre Maasse sind: Länge 11,7 cm, Höhe 4,9 cm, Dicke 3,9 cm.

Die Form des fliessenden Rheines hat: Länge 8,9 cm, Höhe 3,9 cm, Dicke 2,8 cm.

Vorkommen: In einem Teiche bei Karlsruhe, dem sog. Entenfang der mit dem Rhein in Verbindung stand. (A. Braun). Im Altrhein von Ketsch. Im Rheingau (Kobelt).

Aus dem Formenkreise der Margaritana margaritifera.

5. *Margaritana parvula* m.

Beschreibung siehe in den Beiträgen zur Kenntnis d. Najadeen.

Vorkommen: Im Odenwald, im Ulfenbach bei Affolterbach.

Ein neuer fossiler Unio.

Unio kinkelini Haas.

Concha ovata, postice attenuata et truncata, sat inflata, solida, ponderosa, irregulariter striata, striis versus marginem et in area costiformibus. Umbones valde anteriores, ad $^1/_4$ longitudinis siti, inflati, valde incurvi, apicibus fere contiguis, rugulosis, rugis subparallelis, vix undulatis. Margo anticus breviter rotundatus, versus ventralem fere horizontalem declivis, dorsalis ex apice umbonis fere horizontalis, dein descendens, posticus truncato-biangulatus; area costis duabus ex umbone decurrentibus, angulis respondentibus, insignis, medio compressa; ligamentum elongatum, latiusculum, haud prominens, ad margines oblectum; sinus ligamentalis brevis; areola angusta, lanceolata. Cardo crassissimus, dentibus cum lamellis angulum distinctissimum formantibus; valva dextra dente principali magno, crasso, trifido et plerumque denticulo accessorio antico lamelliformi et duobus posticis, fossula anteriore angusta, posteriore lata profunde intrante; sinistra dente posteriore compresso, elongate conico, anteriore crasso, conico, parum alto et fovea triangulari sulcis et costis distinctissimis transversis munita; lamellae breves, plus minusve arcuatae, duabus valvae sinistrae fossula lata profunda divisis. Lamina cardinalis late ultra cavitatem umbonalem producta. Callus humeralis perdistinctus, plica humerali incrassata obliqua definitus; callus labialis postice evanescens. Impressio muscularis antica magna, profunda, infra cardinem intrans; postica vix excavata.

Long. 56, alt. 41, crass. 27 mm.

Vorkommen: In den diluvialen Rheinsanden von Mosbach und Biebrich.

<small>Herrn Prof. Dr. F. Kinkelin-Frankfurt a. M., dem verdienstvollen Bearbeiter der Mosbacher Diluvialfauna, in Verehrung gewidmet.</small>

Syn.: *Unio litoralis* (nec Lam.) F. Sandberger, Land- und Süsswasser-Conchylien der Vorwelt. T. XXXIII, fig. 11a.

Brömme, Conchylienfauna der Mosbacher Diluvialsande. Jahreshefte d. Nass. Ver. Nat. 38.

Von Sandberger für U. litoralis gehalten, aber im Schloss total verschieden.

Beitrag zur Kenntnis der Molluskenfauna von Böhmen.
Von
J. Petrbok.

Meine heutige Mitteilung bezieht sich auf das Dorf Kojetice bei Prag, welches auf einem Ausläufer des silurischen Kieselschiefers von Prag liegt.

Die mit * gezeichneten Species kommen auch iu hiesigem Alluvium vor! Die Bestimmung einiger Arten danke ich dem Herrn Prof. J. Ulicny in Trebic.

1. *Agriolimax agrestis* L. nicht häufig.
*2. *Zonitoides nitidus* Müll. am Bachufer.
3. *Arion Bourguignati* Mab.
*4. *Vallonia pulchella* Müll. überall.
*5. *Trichia rubiginosa* Zgl. Bachufer.
6. *Helicogena pomatia* L. nur in Gärten.
7. *Helicella (Xerophila) obvia* Hlm.
*8. *Striatella striata* Müll.
*9. *Chondrula tridens* Müll.
*10. *Zua lubrica* Müll.
*11. *Caecilianella acicula* Müll. namentlich in Zieselöchern.
*12. *Pupilla muscorum* Müll.
*13. *Vertigo pygmaea* Drap.
  (*Genus Clausilia* Drp. fehlt).
*14. *Neritostoma elegans* Risso.

*15. *Lucena oblonga* Drap.
*16. *Gulnaria peregra* Müll. Im Alluvium kommen grössere Exempl. vor, als die heute lebenden. Jene lebten in einem Teiche, welcher nicht mehr existiert; diese nur im Wiesenbach.
*17. *Fossaria truncatula* Müll.
*18. *Tropidiscus umbilicatus* Müll. nicht häufig und nur in sehr kleinen Exempl. Die Ursache der „Verkleinerung" wie bei Guln. peregra.
*19. *Gyraulus albus* Müll. auch nicht häufig.
*20. *Bathyomphalus contortus* L. Dasselbe wie bei Trop. umbilic.; sehr häufig.
21. *Anodonta cellensis* Schröt. Exempl. nur bis 8—9 cm lang. Darum lässt sie sich sehr schwer gut bestimmen. (Prof. Ulicny.).
*22. *Corneola corneum* L.
*23. *Fossarina fontinalis* C. Pfeiff.

Unter dem reichen Material von *Limnaea peregra* fanden sich, als ich durch die Mitteilung von Herrn Merkel aufmerksam gemacht, genauer nachsah, auch einige gebänderte Exemplare. Die Zahl der Bänder war verschieden, ebenso ihre Breite, die Limnaeen sind so dünnschalig, dass man gewöhnlichen Druck durch sie hindurch lesen kann. Bei lebenden Exemplaren sehen die Bänder schwärzlich mit olivengrünem Anflug aus; an leeren Schalen erscheinen sie dunkler, als die gelbbraune Grundfarbe; gegen das Licht erscheinen sie durchscheinend, sind also weniger gefärbt, als die übrige Schale.

Das grösste bis heute gefundene Exemplar hat nur eine Höhe von 13, eine Breite von 7 mm. Auch die ungebänderten Exemplare kommen hier nicht grösser vor.

Ich bin in der Lage, einige gebänderte Exemplare in Tausch oder Kauf abgeben zu können.

Zur Fauna von Amboina (Molukken).
Von
Caesar R. Boettger, Frankfurt (M.).

Die Insel Amboina, von der die mir übersandte Sammelausbeute stammt, bildet den Mittelpunkt der südlichen Molukken, der sogenannten Amboina-Gruppe. Sie besteht aus zwei Halbinseln, einer nördlichen, von Gebirgen durchzogenen, Hitu, und in einer südlichen, Leitimor, die reich an feuchten Tälern ist. Beide verbindet eine schmale Landzunge.

Schon oft vor mir sind Schneckenausbeuten von Amboina bearbeitet worden (E. von Martens, C. Tapparone-Canefri, E. A. Smith, O. Boettger und andere). Dass jedoch noch immer zwei neue Arten und einige neue Fundorte hinzugekommen, beweist welch reiche Konchylienfauna ein Fachmann zusammenbrächte, wenn er sich einige Zeit auf der Insel aufhielte, denn das bis jetzt zusammengebrachte Material ist entweder von Zoologen, die sich nur kurz auf Amboina aufhielten, oder von Laien gesammelt. Der grösste Teil der mir übersandten Schnecken stammt von Hitu.

1. *Nanina (Xesta) citrina* L.
Fundort: Leitimor.
Ueberall häufig in den verschiedenen Farbenvariationen.

2. *Nanina (Xesta) strubelli* O. Bttg.
Fundort: Hitu.
Diese bis jetzt nur auf Leitimor gefundene Art geht also auch bis in die nördliche Halbinsel von Amboina. Sie lebt dort auf sumpfigem Talboden. Ziemlich häufig.

3. *Kaliella doliolum* Pfr.
Fundort: Kap Tial, Hitu.
Die Schnecke scheint also eine grosse Verbreitung zu haben. Sie wurde zuerst nur auf den Philippinen gefunden (Cebu, Bohol, Mindanao, etc.), bis sie O. Boettger in A.

Strubells Sammelausbeute von den Banda-Inseln antraf (Bericht über die Senckenbergische naturforschende Gesellschaft in Frankfurt am Main. Frankfurt a. M. 1891 pag. 256). Meine Exemplare stimmen vollkommen mit den Stücken von den Philippinen und den Banda-Inseln überein. Selten, da die Schnecke wegen ihrer Kleinheit schwer zu finden ist.

4. *Lamprocystis ambonica* O. Bttg.

Fundort: Kap Tial, Hitu.

Häufig, besonders tot gesammelte Schalen in dem Mulm, der in den Gehäusen der grösseren tot gesammelten Landschnecken ist.

5. *Lamprocystis subangulata* O. Bttg.

Fundort: Kap Tial, Hitu.

Nicht allzu häufig, besonders nicht in guten lebend gesammelten Stücken.

6. *Charopa (Charopa) kobelti* n. sp.

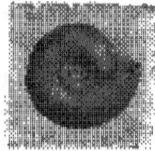  

Figur 1.   Figur 2.   Figur 3 [1]).

Fundort: Kap Tial, Hitu (Nord-Amboina).

Testa late umbilicata, umbilico ⅛ latitudinis aequante, corneo—fusca, semitranslucens, superne et inferne anguste costulata; spira depressa, vix convexa. Anfractus 4 lente et aequaliter accrescentes, subrotundi; ultimus non descendens ad aperturam, ¼ latitudinis aequans; sutura distincta,

---

[1]) Für ihre freundliche Hilfe bei der Herstellung der Figuren bin ich den Herren Prof. Dr. F. Richter und K. Fischer in Frankfurt (M.) zu Dank verpflichtet.

profunde impressa. Apertura subrecta, modica, rotundato-semilunaris; peristoma simplex, acutum.

Alt. 1 mm, diam. mai. 2¹/₄ mm, diam. min. 1 ⁹/₄ mm; alt. apert. ¹/₂ mm, lat. apert. ⁹/₄ mm.

Diese Schnecke benenne ich zu Ehren von Prof. Dr. W. Kobelt in Schwanheim am Main. Die nächste bekannte verwandte Art scheint Charopa damani Tap.-Can. von den Aru-Inseln und Neu-Guinea zu sein. Sie unterscheidet sich jedoch von dieser Art hauptsächlich durch die Grösse, schärfere Rippung und durch die mehr runde Mündung. Nicht häufig.

7. *Planispira (Planispira) zonaria* L. *var. fasciolata* Less.

Fundort: Kap Tial, Hitu.

Meine Exemplare dieser nördlichen Form der sehr variablen Planispira zonaria L. sind alle reinweiss mit starkem Glanz. Alle sind mit zwei braunen, nicht in Flecken aufgelösten Bändern versehen, wobei aber immer das obere Band das kräftigere ist. Die Schnecke wurde gefunden auf Kalkfelsen, 90 m über dem Meere. Häufig.

Von dieser Art ist auch ein Albino bei der Ausbeute. E. von Martens (Die preussische Expedition nach Ostasien. Berlin 1867. Zoologischer Teil. Zweiter Band. Die Landschnecken pag. 310) kennt von Planispira zonaria L. ein albines Gehäuse, das in Moussons Sammlung liegt.

8. *Planispira (Trachia) reinachae* n. sp.

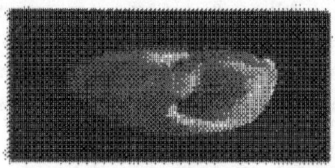

Figur 4.

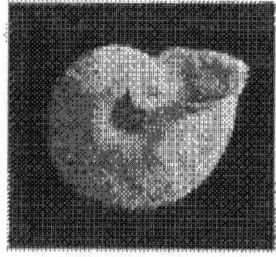
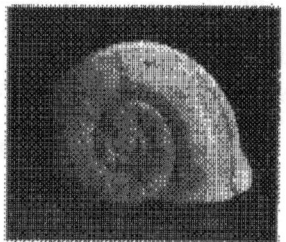

Figur 5. Figur 6.

Fundort: Hitu (Nord-Amboina).

Testa mediocriter umbilicata, umbilico ⅕ latitudinis aequante, albida, semitranslucens, superne obtuse carinata — carina utrimque canalibus comitata —, subtus concamerata, lineis incrementi tenuibus striata; spira plana, depressa; apex magnus, laxe volutus. Anfractus 4 celeriter accrescentes; ultimus paenultimo duplo latior, paulo descendens ad aperturam; sutura distincta, excavata, lata, modice impressa. Apertura valde obliqua, ampla, elliptica, marginibus callo iunctis, margine supero leviter arcuato, dextro superne subrostrato, canuliculato, infero valde arcuato; peristoma tenue, patulum et undique reflexum, prope umbilicum sigmoideum et hic media parte leviter protractum; pars reflexa 1 ¼ lata.

Alt. 8 mm, diam. mai. 23½ mm, diam. min. 17 ½ mm; alt. apert. 9 mm, lat. apert. 19 mm.

Diese neue Art, die ich zu Ehren von Frau Baronin A. von Reinach in Frankfurt (M.), der Witwe des bekannten Forschers, benenne, wurde nur in einem tot gesammelten, jedoch gut erhaltenen Stück ohne Epidermis gefunden. Die Schnecke gehört in die Gruppe der Planispira gabata Gould (Pl. gabata Gould, trochalia Bens., hardouini de Morg., wrayi de Morg., smithii Bock, pilisparsa

v. Mart.), deren flachster bis jetzt bekannter Vertreter sie ist. Sie ähnelt am meisten der Planispira smithii Bock aus Sumatra.

9. *Chloritis (Chloritis) unguiculastra* v. Mart. var. *amboinensis* v. Mart.

Fundort: Kap Tial, Hitu.

Diese Art variiert sehr in der Grösse der Schale (diam. 18—24 mm). Es finden sich von den grossen Stücken Uebergänge zu den kleinen, sodass man sie nicht trennen kann. Wie Planispira zonaria L. wurde sie auf Kalkfelsen, 90 m über dem Meere gefangen. Sehr häufig.

10. *Pythia crassidens* Hombr. et Jacq.

Fundort: Kap Batu Kapal, Leitimor.

Sehr selten, nur in wenigen Exemplaren.

11. *Pythia scarabaeus* L.

Fundort: Hitu und Kap Batu Kapal, Leitimor.

An beiden Fundorten nicht selten.

12. *Pythia pantherina* A. Ad.

Fundort: Kap Tial, Hitu.

Sehr häufig.

13. *Pythia striata* Rve.

Fundort: Kap Tial, Hitu.

Selten, in wenigen Stücken.

14. *Cyclotus (Pseudocyclophorus) amboinensis* Pfr.

Fundort: Kap Tial, Hitu.

Sehr häufig.

15. *Palaina (Eupalaina) angulata* O. Bttg.

Fundort: Kap Tial, Hitu.

Die Verbreitung dieser bis jetzt nur auf der südlichen Halbinsel von Amboina gefundenen Schnecke erstreckt sich also auch auf Hitu. Sie ist sehr selten, da sie wegen ihrer Kleinheit schwer zu finden ist. Von Laien wird sie daher gewöhnlich nur ohne Wissen in dem Mulm mitgebracht, der in den tot gesammelten grösseren Landschnecken steckt. Die Schnecke lebt am Fusse von Kalkfelsen.

16. *Adelomorpha liratula* v. Mart.
Fundort: Kap Tial, Hitu.
Diese Schnecke wurde nur in einem deckellosen Exemplar in dem Mulm am Fusse eines Kalkfelsens gefunden.

17. *Neritina (Neritona) macgillivrayi* Rve. [1])
Fundort: N. W. Hitu.
Diese Art ist bis jetzt auf den Salomon-Inseln und auf Neu-Mecklenburg (Neu-Irland) gefunden worden. Das merkwürdige Vorkommen dieser und einiger anderen Schnecken auf Amboina rechtfertigt also die Annahme von Wallace, der die Molukken zum australischen Faunengebiet rechnet (er schloss dies allerdings aus der Uebereinstimmung der Vogel- und Schmetterlingsfaunen). Dennoch haben die Molukken in den kleinen Schneckenarten eine noch grössere Beziehung zu den Philippinen, während nur wenige Schnecken an die Sunda-Inseln erinnern. Neritina macgillivrayi Rve. ist auf Amboina selten; sie wurde nur in zwei Exemplaren gefunden. Sie entstammen einem kleinen versumpften See, 500 m über dem Meere. Meine Exemplare stimmen in Grösse mit den Abbildungen von Reeve überein, sind jedoch dunkler, fast schwarz.

Kleinere Mitteilungen.

Ueber die Bestäubung von Blüten durch Schnecken gibt Meierhofer (Biologie der Blütenpflanzen, in: Schriften des Lehrervereins für Naturkunde vol XX. p. 223) einige interessante Bemerkungen. Die Bestäubung durch Schnecken erfolgt besonders häufig bei der Herbstzeitlose, in deren Blütezeit die Insekten schon seltener ge-

---
[1]) Die Bestimmung dieser Art verdanke ich Herrn E. A. Smith in London.

worden sind; dann bei einer Anzahl *Compositen*, besonders solchen, deren Blüten in einer Ebene dicht beisammen stehen. Ferner wird der Aronsstab *(Arum maculatum)* häufig von Schnecken befruchtet; ebenso Phyteuma. Sehr interessant ist, dass die Wasserlinse *(Lemna)*, deren primitiven Blüten jedes Anlockungsmittel fehlt, anscheinend vorwiegend durch Wasserschnecken befruchtet werden.

Literatur:

Proceedings of the Malacological Society of London vol. VIII, no. 1 (ed. March 1908). Cfr. p. 144.

— 52. Bowell, E. W., on the Anatomy of Vitrea scharffi Bowell.
— 57. Bowel. E. W., on the radulae of Vitrea helvetica Blum and the allied species.

Sturany, Rud., Mollusca. — In: Die zoolog. Reise des naturwissenschaftlichen Vereins nach Dalmatien. Spezieller Teil II. Aus: Mitth. naturw. Vereins Univers. Wien VI. 1908, p. 37—43.

Neu eine neue Höhlenschnecke von Meleda, welche eine eigene zwischen Zonites und Crystallus stehende Gattung bildet (Meledella werneri, mit photogr. Abbildung.)

Journal of Conchology, vol. 12, no. 6, 1908.

p. 129. Swanton, E. W., the Mollusca of Wiltshire.
— 134. Adams, L. E., Holocene Deposits near Reigate.
— 136. Roebuck, W. D., New Variety of Agriolimax laevis from Orkney.
— 136. Booth, F., Acanthinula lamellata in Upper Airedale.
— 137. Pilsbry, H. A., Note on the British Species of Azeca.
— 138. Cooper, J. E., Vitrea rogersi with pale animal.
— 139. Melvill, J. C., Obituary Notice: Salomon J. da Costa.
— 140. Stelfox, A. W., the Colonization of Mollusca.
— 140. Oldham, C., Additions to the Mollusca of Lundy Island.
— 147. Jackson, J. W., Bibliography on the Non-Marine Mollusca of Lancashire (Schluss).
— 156. Taylor, G. H., Vitrea lucida at Grange, Lancs.
— 157. Moss. W. & A. E. Boycott, Observations on the Radulae of Hyalinia draparnaldi, cellaria, alliaria and glabra (with Plate).
— 160. Cooke, Rev. A. H., Snails in Captivity.

Ortmann, Dr. A. E., Nordamerikanische Flussmuscheln. Mit 12 Abbildungen im Text. — Sonderabdruck aus „Aus der Natur". 1907—08 9. S.

Für das grössere Publikum bestimmte, aber recht interessante Beobachtungen über Gestaltsverschiedenheiten und deren Ursachen.

Journal de Conchyliologie 1907, vol. 55, no. 4.

p. 327. Dautzenberg, Ph., Description de Coquilles nouvelles de diverses provenances et de quelques cas tératologiques. — Neu: Streptostyla sumichrasti Crosse & Fischer mss. p. 327, t. 6, f. 2, 3, Mexiko; — Martelia (n. gen.) tanganyicensis p. 329, t. 4 f. 11, 12, Tanganyika; —Achatina wildemani p. 329, t. 5, f. 7, 8, Kassaigebiet; — Vitrea cepedei p. 331, t. 5, f. 4—6, Djurdjuragebiet; — Submarginula eurythma p. 33, t. 4, fig. 8—10, Neu Caledonien; — Meretrix intricata p. 333, t. 6, f. 1 ?, Celebes; — Ampelita perampla p. 335, t. 6, f. 7—9, Nord Madagaskar; — Pachydrobia monbeigi p. 337, t. 4, f. 5—7, Yünnan; Ausserdem sind eine Anzahl Monstrositäten abgebildet.

— 342. Bavay, A., Description d'une espèce nouvelle appartenant au genre Stenotis et d'une variété de Marginella. — Neu Stenotis troudei (Textfig.) Westindien.

— 345. Gude, G. K., Observations on a number of Plectopylis collected in Tonkin by M. Mansuy, with descriptions of four new species. — Neu: mansuyi p. 348, t. 7, f. 1—3, Textfig.; — infralevis p. 351, t. 7. f. 4—6, Textfig.; — suprafilaris p. 353, t. 7, f. 7—9, Textfig.; — soror p. 355, t. 7, f. 10—12, Textfig.

— 358. de Lamothe et Ph. Dautzenberg, Description d'une espèce nouvelle du pliocene inférieur algerien, (Gibbula Ficheuri, Textfig.

— 404. Necrologie (C. F. Ancey, mit Porträt).

The Conchological Magazine vol. II, no. 1.

In dem zweiten Bande hat sich Hirase endlich entschlossen, wenigstens einige Konzessionen zu machen, welche die japanische Zeitschrift auch für Nicht-Japaner verständlich machen. Er schickt ein kurzes Summary voraus, welches Auskunft über die beigegebenen sehr guten Tafeln gibt; von wem die betreffenden Artikelserien — der Artikel über die Meeresconchylien (Buccinidae) trägt die Nummer XIII, der über die Landconchylien (Macrochlamys) die Nummer VIII — wird nicht angegeben. — Auf S. 1 beschreibt Bavay eine neue Pythia (nana) von den Liukiu mit guter Abbildung im Text. Dem Titelblatt nach enthält das Heft auch No. II eine „Story about Shells" von

Tanaka, und No. IX einer Philology of Shell-Names from Ancient Manuscripts.

Hirase, Y., the first additional Catalogue of Land-Shells of Japan, to be had of .... Kyoto 1908.
> Verkaufskatalog, aber von zoogeographischer Bedeutung. Es ist eine Tafel mit sehr guten Abbildungen neuer und weniger bekannter Arten beigegeben, aber ohne Beschreibung.

Nobre, Augusto, Mollusques de l'exploration scientifique de Francisco Nobre a Timor. — In: Bull. Soc. Portugaise des Sciences naturelles, vol. 1, Fasc. 4, Lisbonne, Fevrier 1908.
> Das Material, von einem Laien in der Conchylienkunde gesammelt, enthält nur die grösseren Meeresmollusken, die man überall in Indien käuflich haben kann. Von Landmollusken sind nur Helix argillacea und Amphidromus laevis Müll. darunter.

Lindholm, W. A., Materialien zur Molluskenfauna von Südwest-Russland, Polen und der Krim. Odessa 1908. Sep. Abz. aus?
> Eine interessante Arbeit, welche auch sieben neue Arten und Varietäten und acht für das russische Reich neue Formen bringt. Neu sind: Amalia rossica p. 5, Odessa; — Xerophila krynickii var. odessana p. 6, ebenda; — Limnaea lagotis var. submucronata p. 9, ebenda; — Lithoglyphus naticoides chersonensis p. 16, Cherson (an n. sp. ?); — Neritina danubialis danasteri p. 17, dnjester; — Neritina brauneri p. 19, Odessa; — Ena brauneri p. 32, Krym; — Von zoogeographischem Interesse ist, dass Melanopsis esperi und M. acicularis bis in den Dniepr gehen, während die Vivipara acerosa der Donau schon im Dniestr durch V. duboisiana ersetzt wird. Neritina danubialis findet dagegen im Dnjester ihre Ostgrenze. Im Dniepr sind die Melanopsis auf den Unterlauf (unterhalb der Stromschnellen) beschränkt.

Proceedings of the Malacological Society of London, vol. VIII. No. 2.
> p. 66. Woodward, B. B., Presidential Adress. — Malacology versus Palaeoconchology. — (Unseren Mitgliedern angelegentlichst zum Studium empfohlen). —
>
> — 84. Fulton, N. C., Descriptions of two new species of Synaptherpes (S. pilsbryi n. und bicingulatus n., (Textfigur) Columbia).

— 86. Fulton, H. C., Descriptions of a new species of Strophocheilus (Dryptus jubens, Textfig., Capax, Venezuela).
— 88. Gude, G. K., on the identity of Plectopylis leiophis and Pl pseudophis. —
— 90. Kennard, A. S. & B. B. Woodward, on the Mollusca of some holocene Deposits of the Thames River System.
— 97. Bowell, E. W., Note on the Radula of Pomatias elegans Mull. — Die Radula gleicht mehr den rhipidoglossen Neriten, als den taenioglossen Litorinen.
— 99. Jukes-Browne, A. J., the application of Polis generic names.
— 104. Smith, Edg. A., on the known recent species of the Genus Vanikoro, Quoy & Gaymard (37 sp.). —
— 118. Smith, Edg. A., Note on Lanistes magnus, Furtado. — Die Art ist im Luapula wieder aufgefunden.
— 119. Pilsbry, H. A., Note on the Clausilium of a Chinese Species of Clausilia bocki. — Die von ihrem Autor zu Pseudonenia gestellte Art hat am Clausilum aussen einen scharfen, gekrümmten Haken, wie die im Gehäuse völlig verschiedene Untergattung Parazaptyx. —
— 120. Preston, H. B., Description of a new species of Rhagada from Western Australia (radleyi, Textfigur). —

Kobelt, Dr. W. & G. Winter - von Möllendorff, Landmollusken, Heft V. Jn: C. Semper, Reisen Philippinen, Bd. X, S. 105—124 t. 21—24.

    Enthält den Schluss von Corasia und den Anfang von Callicochlias Zum erstenmal abgebildet sind: Corasia puella apheles t. 20 f. 5; — Call. pulcherrima chrysacme t. 23 f. 5, 6; — C. luzonica erythrospira t. 24 f. 4, subsp. areolata f. 2, subsp. fumosa f. 3; — C. zonifera globosa t. 25 f. 1, 2.

Dedekind, A. Beitrag zur Purpurkunde, vol. III:
    Briefe des Nestors der Purpurforscher H. de Lacaze, — Duthler u. Fortsetzung der Sammlung internationaler Quellenwerke für Purpurkunde. Berlin 1908; 718 S. mit Tafeln. —

Rössler, R. die Perlen und ihre Entstehung. Zwickau 1907. No. 26 S. mit 8 Figuren.

Schwarz, R., der Stilplan der Bivalvenz. Vorstudien zu einem natürlichen System der Muscheln. — In: Morphol. Jahrbücher 1903. 42 S. mit 3 Tafeln.

Joubin, L., *Études sur les gisements des Mollusques comestibles des côtes de France:* Côte nord du Finistère. — Morbihan oriental. — In: Bull. Jnst. Oceanographique, Monaco 1908.

The Conchological Magazine. vol. II. 1908. No. 6 (June),
p. 25. Kuroda, Tokubei, Collecting Land Shells in Quel Part Jsl. Korea. Vorläufiger Bericht.
Tafel 17, enthält Kalliella, Taf. 32 u. 33, Voluta und Mitra.

Annales historico — naturales Musei nationalis Hungarici. Vol. VI. Pars prima. — Budapest 1908.
p. 298. Soós, D. Lajos, Magyarszági új csiga faj. — Un Gasteropode nouveau de Hongrie (Testacella hungarica von Fiume). —
— 384 —, Magyarorszagi új Clausiliák. — Some new Clausiliae from Hungary (Dilataria horvathi vom Velebit). Der Artikel wird fortgesetzt. —

Pace, S. & R. M. Pace, VIII Mollusca. Zoological Record vol. XI. III. 1906. — In: International Catalogne of Scientific Literature, N. Sixth Annual Jssue. 98 S.
In neuer Form, an die man sich erst gewöhnen muss, aber in alter Vollständigkeit und Uebersichtlichkeit.

Steusloff, Ulrich, die deutschen bisher als Helix interscta Poiret = caperata Mtg. zusammengefassten Helices. Mit Taf. 7. — In: Archiv Naturg. Meklenburg vol. 02. p. 143—151.
Neben der typischen Helix intersecta Poiret-caperata Mtg. und der H. heripensis Mabille unterscheidet der Autor noch eine dritte auch anatomisch verschiedene Form von Neubrandenburg als H. bollii n. sp.

Caziot, E., Compte Rendu d'une excursion malacologique dans la partie supérieure de la vallée de la Roya et dans le voiisinage de la Mer surla Rive droite du Var, près Nice. — In: Memoires de la Société zoologique de France, Année 20 p. 485—409, Textfig.
Die Resultate einer mit Pollonera gemeinsam unternommenen gründlichen Erforschung einer interessanten Schlucht in den Seealpen. Neu: Pomatias patulus elongata p. 459 fig. 3; — P. casioti Poll. p. 459 fig. 4; — P. almrothi Poll.-agriotes Westerl.

ex parte p. 400 f. 5, alle aus der nächsten Verwandtschaft von P. patulus; — P. acutus Poll. p. 402 fig. 6; — P. galloprovincialis Rgt. abgeb. fig. 5; — Coryna locardi p. 487 fig. 8. —

Strebel, Dr. H., die Gastropoden. In: Wissenschaftliche Ergebnisse der Schwedischen Südpolar-Expedition 1901—1903 unter Leitung von Dr. Otto Nordenskjöld, Band VI, Lfg. 1. — Mit 6 Tafeln.

Als neu beschrieben werden: Actaeonina cingulata p. 8 l. 2, fig. 17; — Retusa anderssoni p. 9. l. 2 fig. 19, t. 6 fig. 96; — R. pfefferi p. 10 l. 6 fig. 87; — R. inflata p. 10 l. 2 fig. 18; — Cylichnina georgiana p. 10 l. 2 fig. 20; — C. cumberlandiana p. 11, l. 6 fig. 88; — Anderssonia (n. gen. Akeridarum) sphinx p. 12 l. 2 fig. 21; — Philine gibba p. 13 l. 2 fig. 22; — Bela anderssoni p. 14 l. 2 fig. 24; — B. fulvicans p. 15 l. 2 fig. 25; — B. pelseneri p. 15 l. 2 fig. 27; — B. notophila p. 16 l. fig. 28; — B. antarctica p. 16 l. 3 fig. 30; — B. purissima p. 17 l. 3 fig. 31; — B. turrita p. 18 l. 3 fig. 82; — ? Surcula magnifica p. 19 l. 2 fig. 23; — ? Mangilia cingulata p. 20 l. 1 fig. 1; — ? Pleurotomella bathybia p. 20 l. 2 fig. 26; — Admete antarctica p. 21 l. 4 fig. 44; — (Paradmete n. subg.) typica n. p. 22 t 3 fig. 35; — (S.) curta p. 23 t. 3 fig. 34; — (P.) longicauda p. 24 l. 3 fig. 36; — Ancillaria longispira p. 26 l. 4 fig. 43; — Glypteuthria contraria p. 29 l. 1 fig. 4; — ? Sipho cordatus p. 30 l. 2 fig. 29; — (? Mohnia) astrolabiensis p. 31 l. 3 fig. 37; — Neobuccinum praeclarum p. 31 l. 3 fig. 38; — Pfefferia (n. gen. Buccinidarum) palliata p. 34 t 3 fig. 39; — Pf. elata p. 35 l. 3 fig. 40; — Pf. cingulata p. 36 l. 4 fig. 42; — Pf. chordata p. 36 l. 3 fig. 41; — Trophon crispus burdwoodianus p. 38 l. 1 fig. 15; — Tr. falklandicus p. 39 l. 1 fig. 8; — Tr. cribellum p. 41 l. 4 fig. 45; — Tr. distantelamellatus p. 43 l. 4 fig. 46; — Tr. minutus p. 44 l. 4 fig. 47; — Tr. maluinarum p. 44 l. 1 fig. 16; — Perissodonta mirabilis georgiana p. 46 l. 5 fig. 33; — Bittium seymourianum p. 47 l. 4 fig. 50; — B. astrolabiense p. 48 l. 4 fig. 51; — B. bisculptum p. 49 l. 6 fig. 92; — Cerithiopsis maluinarum p 49 t. 1 fig. 10; — Laevilitorina caliginosa aestualis p. 51 l. 1 fig. 8; — Homalogyra? atomus burdwoodianus p. 52 l. 6 fig. 85; — Rissoa inornata p. 53 l. 1 fig. 11; — R. schraderi p. 54 t. 4 fig. 52; — R. insignificans p. 55 l. 4 fig. 53; — R. anderssoni p. 55 t. 4 fig. 54; — R. steineni p. 55 l. 4 fig. 33.

— R. fuegoënsis p. 56 t. 6 fig. 90; — R. sulcata p. 56 t. 6 fig. 86; — Eatoniella subyonostoma p. 59 t. 4 fig. 57; — Natica georgiana p. 62 t. 5 fig. 63; — Scalaria fenestrata p. 63 t. 4 fig. 91; — Volutaxiella (n. gen. Pyramidellidarum) translucens p. 65 t. 4 fig. 59; — V. subantarctica p. 65 t. 4 fig. 60; — Eulima antarctica p. 68 t. 6 fig. 91; — Odostomia biplicata p. 65 t. 1 fig. 9; — Calliostoma nordenskjöldi p. 66 t 1 fig. 5; — C. andersoni p. 66 t. 1 fig. 6; — C. venustulum p. 68 t. 1 fig. 12; — C. falklandicum p. 69 t. 6 fig. 89; — C. modestulum p. 70 t. 1 fig. 13; — Photinula achilles p. 73 t. 5 fig. 09; — (Promargarita n. subg.) tropidophoroides p. 74 t. 5 fig. 73; — (Submargarita) impervia p. 75 t. 5 fig. 71; — Margarita subantarctica p. 76 t. 5 fig. 70;— M. notalis p. 76 t. 5 fig. 72; — Cyclostrema crassicostatum p. 76 t. 6 fig. 83; — Scissurella clathrata p. 77 t. 6 fig. 84; — Patinella polaris concinna p. 82 t. 5 fig. 76, 78; — Thilea (n. gen. Pteropodarum) procera p. 85 t. 1 fig. 14. —

Eingegangene Zahlungen:
R. Hashagen, Bremen, Mk. 6.—; Oberlehrer P. Ehrmann, Leipzig, Mk. 6.—; Lehrer A. Vohland, Leipzig, Mk. 6.—; Dr. Carl F. Jickeli, Hermannstadt, Mk. 12.—; Professor Dr. Simroth, Leipzig, Mk. 6.—.

Neue Mitglieder:
Dr. K. M. Levander, Helsingfors.
Apothekenadjunkt Nováts, Prag.

Veränderte Adressen:
Hans Schlesch, bisher Kopenhagen, jetzt Hellerup (Dänemark, Strandagervej 24.

Verstorben:
Fürst Leopold zu Salm-Salm, Anholt i. W.

Gut bestimmte
griechische Land- u. Meeresconchylien
liefert
Chr. Leonis, Athen, Botasi-Strasse 6.

☛ Diesem Heft liegt No. 1 der **Beiträge zur Kenntnis der mitteleuropäischen Najadeen** bei.

Redigiert von Dr. W. Kobelt. — Druck von Peter Hartmann in Schwanheim a. M.
Verlag von Moritz Diesterweg in Frankfurt a. M.

Ausgegeben: 20. Oktober.

Beiträge
zur
Kenntnis der mitteleuropäischen Najadeen.

Als Beilage zum Nachrichts-Blatt
der Deutschen Malacozoologischen Gesellschaft
herausgegeben von
Dr. W. Kobelt-Schwanheim (Main).

No. 1.   September 1908.

Zur Einleitung.

Die überraschend freundliche Aufnahme, welche meine in Nummer II des Nachrichtsblattes enthaltene Aufforderung zur gemeinsamen Erforschung der Najadeenfauna des Rheingebietes bei allen denjenigen, denen ich einen Separatabzug derselben zusenden konnte, gefunden hat, veranlasst mich zu dem Versuche, für die Erforschung der Najadeen nicht nur des Rheingebietes, sondern der ganzen paläarktischen Region nördlich der grossen Wasserscheide ein besonderes Organ ins Leben zu rufen, dessen erstes Blatt ich hiermit den Mitgliedern der Deutschen Malacozoologischen Gesellschaft vorlege. Es ist als eine Beilage zum Nachrichtsblatt gedacht und wird demselben kostenlos beigelegt werden, je nachdem Stoff vorhanden, ohne Erhöhung des Abonnementspreises, in einer Stärke von 2—3 Bogen im Jahre; Nichtmitglieder können die Beilage zu einem, die Druckkosten nicht übersteigenden Preise direkt beziehen. Abbildungen und Karten können vorläufig nur dann beigegeben werden, wenn die Herren Mitarbeiter die Kosten übernehmen. Alle neuen interessanteren Arten werden übrigens in der Ikonographie nach und nach abgebildet werden.

Die Reihe der Veröffentlichungen mag ein Abdruck des auf die Gattung *Unio* bezüglichen Teiles der Retzius-

Philippson'schen *Dissertatio historico-naturalis* eröffnen, die nach und nach zu einer Bibliographischen Rarität geworden ist. Aehnliche Abdrücke aus den Arbeiten von Spengler, Schroeter und Martini, die auch nicht mehr leicht zu beschaffen sind, werden folgen und die Leser in den Stand setzen, sich ein eigenes Urteil über manche heiss umstrittene Fragen zu bilden.

Schwanheim, September 1908.   Dr. W. Kobelt.

DISSERTATIO HISTORICO-NATURALIS

SISTENS

NOVA TESTACEORUM GENERA.

Quam

VENIA AMPLISS. FACULT. PHILOSOPHICÆ

PRÆSIDE

D. M. ANDR. J. RETZIO

AD PUBLICUM EXAMEN DEFERT

LAURENTIUS MÜNTER PHILIPSSON

SCANUS.

AD DIEM X. DECEMBRIS MDCCLXXXIII.

L. H. S.

LUNDÆ,

Typis BERLINGIANIS.

§ VIII.

Cum charactere generis Myæ in Syst Naturæ dato haud congruere species 28 und 29 satis perspexit *perill.* a LINNÉ, hinc eas removit sub *Unionis* nomine, und sequentem characterem a nobis nonnihil reformatum constituit.

UNIO.

Animal Ascidia.

Testa bivalvis, æquivalvis, æquilatera.

Cardo. Dens ani in valvula dextra solidus subintrusus, in sinistra duplex; omnes crenulati. In plurimis dens vulvæ longitudinalis lamellaris intra sinistræ valvulæ bilamellarem.

* *Dente vulvæ nullo, sed margo horisontalis,*

1. UNIO *Margaritiferus* testa ovali compressiuscula, antice coarctata, dente vulvæ nullo: analibus conicis.

Mya Margaritifera L. S. N. XII., p. 1112. Penn. Britt. Zool. IV, p. 80, t. 43, fig. 18.

Die Perlenmuschel. Schröter Fluss-Conch. p. 168, t. 4, f. 1.

Habitat iu fluviis rivulisque. M. N.

Obs. 1. Nates decorticatas habere commune est vitium comnibus fere Conchis fluviatilibus, a definitione itaque specifica exulare debet hæc nota.

* * *Dentibus vulvæ lamellaribus.*

2. UNIO *Crassus,* testa ovali antice parum retusa, dentibus analibus vulvæque crassis.

Mya testa crassa Schröter, l. c. p. 182, t. 2, f. 2.

Habitat in fluviis Europæ. M. N.

Obs. 1. Similis U. margaritiferao sed latior & minor, dentibusque vulvæ instructus.

Obs. 2. Quod in medio parum retusa sit in icone expressit, *adm. Rever.*, Schröter licet, in descriptione negat. In exemplaribus nostris hæc forma constans observatur.

3. UNIO *tumidus,* testa ovata-cuneata tumida, dentibus analibus compressis.

Habitat in fluviis Europæ. M. N.

Obs. 1. Reliquis sub Myæ pictorum nomine vulgo comprehensis speclebus major, ultra 4 poll. lata und 2 longa, ventre tumidior, verum versus extremitatem superiorem etiam reliquis angustior und in cunei rotundati modum decrescens.

4. UNIO *pictorum*, testa ovata, dentibus analibus compressis utriusque testæ duplicatis.

Mya pictorum L. S. N. XII., p. 1112, Penn. Britt. Zool. 4, p. 79, t. 43, Schröter l. c. p. 178, t. 3, f. 2—5, t. 4, f. 6.

Habitat in fluviis amnibusque Europæ. M. N.

5. UNIO *ovalis*, testa ovali, dentibus analibus utriusque testæ duplicatis vulvæque compressissimis.

Habitat in fluviis Europæ & Africæ, M. N.

Obs. 1. Margo vulvæ in hoc magis productus und compressus; margo anticus interne rugosus.

6. UNIO *corrugatus*, testa ovali gibba, umbonibus ano vulvaque sulcis rotundatis, dentibus omnibus duplicatis.

Mya corrugata Schröter l. c. p. 181, t. 9, f. 3, Müller Berl. Beschäft. 4 B p. 58, t. 3, b, f. 7, 8, mediocris.

Habitat in fluviis Coromandelianis, M. N.

Obs. 1. Neque cardinem bene descripsit, nec Concham feliciter icone expressit *Müller*.

Obs. 2. Plures adhuc sub Mya pictorum nomine, Unionis species delitescere, persvasi sumus.

Zwei „neue" Anodonten.
Von
Dr. W. Kobelt.

Seit beinahe vierzig Jahren sitze ich am Ufer des Mains und denke, dass ich in dieser langen Zeit seine Najadeenfauna ziemlich gründlich kennen gelernt habe. Seit 25 Jahren ist der Main durch Kanalisation und Wehranlagen in ein stehendes Gewässer umgewandelt, sein Wasser durch die Abflüsse der chemischen Fabriken und der städtischen Kläranlagen vergiftet worden, das reiche Molluskenleben fast völlig verschwunden. Die staatliche Untersuchungskommission hat so gut wie keine Najadeen mehr in dem Main selbst gefunden. Ueber das Genauere kann ich auf den Bericht von Caesar Böttger in Nr. 1 des Nachrichtsblattes verweisen. Ich selbst fand bei meinen häufigen Spaziergängen längs des Mainufers nur dann und wann einen *Unio pictorum*, noch seltener einen *U. tumidus* oder eine *Anodonta piscinalis*.

Als ich den Plan zu einer eingehenderen Erforschung der Najadeenfauna des Rheingebietes fasste, begann ich auch der Mainfauna wieder mehr Aufmerksamkeit zuzuwenden und veranlasste auch andere Sammler dazu. Die erste Ueberraschung brachte mir Herr Knipralh-Höchst, der an der Mündung der Nidda in dem Main eine noch recht reiche Najadeenfauna vorfand, dem Anschein nach Niedformen, welche mit dem helleren Wasser der Nied ein Stück weit in den verseuchten Main eingedrungen sind. Wir werden über sie gelegentlich Genaueres berichten, wenn die Witterung und der Wasserstand weitere Nachforschungen erlauben. Es gab also noch belebte Oasen im Main.

Dann kamen eines Tages Nachen und ein Dampfkrahnen der Strombau-Verwaltung und leerten fast meinem Hause gegenüber den Schlamm in eine Mainbucht, der aus dem Frankfurter Hafen ausgebaggert worden war. Leider in ziemlich tiefes Wasser, so dass er mir vorläufig unzugänglich war. Als aber im Winter die Stauwehre niedergelegt wurden und das Wasser so tief fiel, dass die Aufschüttungen wie kleine Hügel aus dem Schlamm emporragten und mit dem Ufer zusammenhingen, unterwarf ich sie einer genaueren Untersuchung. Ausser zahlreichen Exemplaren von *Unio tumidus* und *U. pictorum*, welche sich sämmtlich durch auffallende Dicke der Schalen und starke Auftreibung auszeichneten, fand ich eine hübsche Anzahl *Anodonta*. Einige erinnerten noch durch den starken

Flügel an die altbekannte *Anodonta piscinalis* des nicht kanalisierten Mains, andere auch an die von mir früher als var. *ponderosa* abgetrennte, ungeflügelte Form. Die meisten aber waren mir völlig neu; ich hätte sie nie für Mainmuscheln gehalten, wenn ich sie nicht selbst aus dem Mainschlamm gezogen hätte, gut erhalten, viele noch mit dem Tiere oder seinen Resten.

Am häufigsten war eine auffallend flache, ovale und kaum noch geschnäbelte Form, bei 90 mm Länge und 65 mm Höhe des grössten Exemplares nur 28 mm an den Wirbeln dick, dabei festschalig und gut entwickelt. Die ganz flachen, leicht abgeriebenen Wirbel liegen ganz weit vornen, 20 mm von dem stumpf abgerundeten Vorderrande, die grösste Höhe dagegen genau in der Mitte, der Rückenrand ist flach konvex, der Hinterrand bildet einen ca. 30 mm langen oben leicht ausgeschnittenen, dann breit und wenig schräg abgestutzten Schnabel; er ist bei den meisten Exemplaren flach zusammengedrückt, manchmal etwas verbogen; der Unterrand ist regelmässig gerundet. Jüngere Exemplare bis zu 50 mm Länge herab haben schon ganz den Umriss der ausgewachsenen. Wir haben es also mit einer Lokalform zu tun, welche in der kurzen Frist von kaum über 20 Jahren, welche seit der Anlage des Frankfurter Hafens verstrichen sind, sich aus der *Anodonta piscinalis* des Mains entwickelt hat und bereits eine gewisse Constanz erreicht hat, so dass sie Beachtung und einen eigenen Namen verlangen kann. Ich möchte sie als var. *portulana* bezeichnen und werde sie bei nächster Gelegenheit beschreiben und abbilden.

Aehnliche Formen, wenn auch nicht ganz so ausgeprägt, habe ich seither auch von anderen Punkten des kanalisierten Maines erhalten; sie dürften wohl die Zukunftsform der *Anodonta piscinalis* für die schlammigen Stellen des gestauten Maines darstellen.

Eine zweite Form, welche sich ebenfalls unter den günstigen Lebensverhältnissen des Frankfurter Hafenbeckens entwickelt hat, liegt mir bis jetzt nur in einem einzelnen gut erhaltenen Exemplare vor. Sie steht im schroffsten Gegensatze zu der vorigen mit der sie zusammen vorkommt. Bei 85 mm Länge ist sie 34 mm dick und die grösste Höhe, die am Ende des Rückenrandes nur 15 mm vom Schnabelende liegt, beträgt nur 47 mm. Die tadellos erhaltenen, nicht abgeriebenen Wirbel liegen bei 35 mm vom Vorderrande, der Rückenrand steigt in fast gerader Linie vom Beginn des kurz gerundeten Vorderrandes, mit dem er einen undeutlichen Winkel bildet, bis zu dem steilabfallenden Hinterrande an; der Bauchrand ist flach, ganz leicht eingedrückt, der Hinterrand kurz abgestutzt. Vom Wirbel läuft eine ausgeprägte Kante bis zum oberen Winkel dieser Abstutzung, über derselben ist die Schale scharf zu einem Flügel zusammengedrückt. Die Skulptur ist eine feine regelmässige Furchung.

Diese Form trägt noch vielmehr den Habitus der Stammform, aber ähnliche aufgeblasene, vorn verlängerte, hinten ganz kurz abgestutzte Formen sind mir bei dieser niemals vorgekommen. Bis auf weiteres mag sie indes als individuelle Abnormität gelten. Beide Formen veröffentliche ich besonders deshalb, um die Aufmerksamkeit auch weiterer Kreise auf die Wichtigkeit des Sammelns der Najaden überall da, wo erhebliche Veränderungen in den Lebensbedingungen vor sich gehen, zu lenken. Wenn wir die heutige Najadeenfauna durch genaue Beschreibungen und Abbildungen genügend festlegen, gewinnt jede Anlegung eines Stauwehres, jede Kanalisation die Bedeutung eines grossartigen biologischen Experimentes.

Die Verbreitung der Flussperlmuschel im Odenwald.
Von
F. Haas.

Die Flussperlmuschel hat ein sehr grosses Verbreitungsgebiet, ja, sie gehört sogar zu den wenigen circumpolaren Arten, die wir überhaupt kennen, da die sibirischen Formen *Marg. dahurica* v. Midd. und *Marg. complanata* Sol. sowie die nordamerikanische *Marg. arcuata* Barnes nur als Lokalformen der *Margaritana margaritifera* L. aufzufassen sind. Sie kommt in Deutschland hauptsächlich in den Flüssen vor, die vom bayrisch-böhmischen Randgebiete abfliessen, sowie in einigen Bächen in Schlesien, Thüringen, in der Lüneburger Heide, im Westerwald, in der Eifel und im Hunsrück. Alle angeführten Vorkommen sind natürlichen Ursprungs, d. h. ohne Einmischung von Seiten des Menschen entstanden. Anders liegen die Verhältnisse im Odenwald. Dieses uralte Rumpfgebirge ist geologisch nicht einheitlich beschaffen, indem sein westlicher Teil, die sog. Bergstrasse, aus Urgebirge (Granit, Diorit, Porphyr etc.) besteht, während der weitaus grössere, östliche Teil dieses Gebirges von triadischem Buntsandstein aufgebaut wird. Die Grenze zwischen den beiden Gesteinsarten verläuft ziemlich genau nord-südlich und erreicht den Neckar in der Nähe von Heidelberg, bei dem Orte Ziegelhausen.

Obwohl die Flussperlmuschel unter allen einheimischen Muscheln die dicksten Schalen besitzt, braucht sie zu ihrem Gedeihen nahezu kalkfreies Wasser. Die Aufspeicherung des Kalkes in der Schale in Form von Prismen und Perlmutter und das Festhalten dieser Produkte ist nur eine Funktion des lebenden Tieres; nach seinem Absterben laugt das Wasser durch die absorbierte Kohlensäure den zum Anbau der Schale verwendeten Kalk wieder aus, sodass man in Perlmuscheln beherbergenden Bächen häufig Schalenreste, nur aus der übrig gebliebenen Epidermis bestehend, finden kann. Die aus Urgesteinen (Quarz, Granit und Glimmerschiefer) aufgebauten Gebirge liefern nur kalkarme Wasser, ebenso die Sandsteine, die sich wie Urgebirge verhalten. Infolgedessen ist *Margaritana margaritifera* an die beiden erwähnten Gesteinsformen gebunden, womit natürlich nicht gesagt ist, dass alle ihnen entströmenden Gewässer die Flussperlmuscheln enthalten müssen. Obwohl der Odenwald alle zum Gedeihen unserer Muschel nötigen Bedingungen bietet, ist in ihm doch kein natürliches Vorkommen dieses Tieres bekannt.

In dem mit Perlbächen reich gesegneten Bayern hatte man der Perlfischerei und damit der Perlmuschel selbst schon früher beständige Aufmerksamkeit geschenkt, die sich am besten durch den Umstand dokumentiert, dass die Perlfischerei Regal war. Wer sich für Einzelheiten des Perlenfischens interessiert, findet bei Hessling[1]) genügende Auskunft.

Bewogen durch die guten Erfolge der bayrischen Perlfischerei beschloss Kurfürst Karl Theodor von der Pfalz sich auch in seinen Landen eine derartige Einnahmequelle zu schaffen und bat Kurfürst Maximilian III. von Bayern, ihn in seinen Bemühungen zu unterstützen. Nach den Akten des Generallandesarchivs in Karlsruhe wurden im Jahre 1761 800 Muscheln, in 3 Fässer verpackt, aus Diessenstein im bayerischen Wald in die Steinbach bei Ziegelhausen übergeführt und eingesetzt. Auf diese Weise gelangte Margaritana in den Odenwald. Die Fremdlinge fanden an ihrem neuen Wohnort die zu ihrem Weiterleben nötigen Bedingungen, sodass sie acht Jahre später, 1769, durch 400 neue bayrische Muscheln verstärkt wurden. In den nächsten Jahren aber verursachten starke Regengüsse fortwährende Anschwellung des ohnehin schon

---

[1]) von Hessling, Die Perlmuschel und ihre Perlen. Leipzig, 1859.

mit starkem Gefälle fliessenden Steinbaches und starke Versandung der Hechen, sodass die durch die Gewalt der Fluten mitgerissenen Muscheln im Sande ersticken mussten. Dies veranlasste die Behörde, den Rest der Muscheln in die Steinach bei Schönau zu versetzen, wo sie sich bis auf den heutigen Tag erhalten haben, unter Ausdehnung nach den höher gelegenen Ortschaften Altneudorf und Heiligkreuzsteinach.

„In Schönau liess Karl Theodor an der Steinach einen Pfosten errichten, mit der Aufschrift, dass es bei Todesstrafe verboten sei, Perlen zu suchen und zu entnehmen, und der Förster mit seinem Personal in seinem Bezirk die Aufsicht zu führen habe. Die speziell zur Perlenfischerei Befohlenen wurden vereidigt. Nach dem Vorbild von Bayern und Sachsen hatte Karl Theodor den Regalbetrieb in strenger Weise hier eingeführt, mit genauen Bestimmungen, in welchen Monaten und in welchem Jahre, gewöhnlich alle 3 Jahre, das Oeffnen der perlentragenden Muscheln vorzunehmen sei. Es geschah jeweils nur in den Monaten August und September, in welchen das Wasser genügend warm war.

Die Perlen, die dabei den Tieren entnommen wurden, waren teilweise ganz rund, teilweise oval und angewachsen. Quantitativ und qualitativ waren und sind sie sehr verschieden, in Farbe weiss oder rosa mit schönstem Lüstre, zumeist aber grau und braun und dann für Schmuck kaum verwendbar.

Der Erlös war hier so gering, dass er die Verwaltungskosten nicht entfernt deckte."[1])

Die Perlenfischerei wurde deshalb unterlassen und die Muscheln gerieten in Vergessenheit. Als man aber im Anfange der 20er Jahre des vorigen Jahrhunderts bei Schönau im Bache eine edle Perle fand, wurde das Regal

---

[1]) Nach Trübner in „Heidelberg und Umgebung" von Dr. C. Pfaff.

erneuert und die Perlenfischerei begann wieder. Der Erlös war aber wieder so gering, dass die Fischerei gegen die Summe von jährlich 10 fl. an Private verpachtet wurde. In den 40er Jahren hatte sie der Mannheimer Verein für Naturkunde inne. Die Verpachtung des Perlenbaches hat sich bis heute erhalten, und der gegenwärtige Pächter ist ein Heidelberger Weinhändler.

Im Jahre 1826 wurde noch ein Verpflanzungsversuch gemacht. Gegen 50 Muscheln wurden in die Wolfsbrunnen-Teiche bei Heidelberg eingesetzt, die Tiere gingen jedoch sämtlich in 14 Tagen zu Grunde.

Die Margaritanen der Steinach dehnten ihr Wohngebiet bald auf den hessischen Unterlauf dieses Baches aus.

„Hier wo die krystallhellen Wasser der Steinach in den Neckar münden, war es auch, wo sich unter Mitwirkung meines Vaters (des hessischen Landrichters Georg Heinzerling in Hirschhorn) eine Perlenfischerei-Gesellschaft bildete, welche Perlenmuscheln in die Steinach einlegen und letztere jährlich im Herbst in Verbindung mit einer Generalversammlung fischen liess, in welcher dann die erzeugten grösseren und kleineren Perlen unter die Gesellschaftsmitglieder versteigert wurden."[1]

Diese Fischerei-Gesellschaft, jedenfalls ein kleines Lokalunternehmen, wurde zwischen 1832—1834 aufgelöst. In derselben Zeit hatte der hessische Landrat von Hirschhorn, Welker, Perlmuscheln aus der Steinach in die Ulfenbach bei Hirschhorn überführen lassen, wo sie sich jetzt, namentlich im Mühlgraben der Andree'schen Mühle, noch zahlreich vorfinden.

Dies waren die Angaben, die sich auf künstliche Verbreitung der Flussperlmuscheln im Odenwald erstrecken. Im Folgenden wollen wir uns mit den Muscheln selbst und

---

[1] Fr. Heinzerling, Familie Heinzerling in Hirschhorn. Romantisches Idyll aus dem Neckartal. Aachen 1904.

mit ihren Anpassungen an die neuen Standortsverhältnisse beschäftigen.

In der Steinach hat die Flussperlmuschel ihre weiteste Verbreitung, da sie den Bach von Schönau bis Heiligkreuzsteinach, also auf eine Strecke von 6 km, bewohnt. Auf diese Strecke sind die Tiere jedoch nicht gleichmässig verteilt, sondern haben sich an einzelnen Punkten zu grösseren Kolonien angesammelt. Der Boden der Steinach besteht aus faustgrossen Sandsteinstücken, zwischen denen ein feinerer Grus aus demselben Gestein liegt. Sandboden findet sich nur sehr vereinzelt und ist auf scharfe Biegungen des Bachbettes beschränkt. Ich fand die Margaritanen nur an steinigen Stellen des Baches, wo kleine Stromschnellen die Oberfläche des Wassers kräuseln. Sie stecken gegen 10 cm tief im Boden, mit dem die Längsachse des Tieres einen Winkel von ca. 50° bildet. Der untere Schalenrand ist der Strömung zugewendet, so dass die mitgeführten organischen Partikelchen leicht in die Einströmungsöffnung gelangen können. Das frei aus dem Boden hervorragende Hinterende ist mit einer Gallerte bildenden Alge besetzt. Nie fand ich, wie Hessling (l. c.) dies beschreibt, die Schale mit *Fontinalis* bewachsen. Diese Pflanze kommt häufig in der Steinach vor, und man kann an Steinen über 30 cm lange Büsche davon finden. Grade unter diesen Büschen sammeln sich die Perlmuscheln mit Vorliebe an, sodass man sicher sein kann, unter jeder *Fontinalis*-Pflanze einige Margaritanen im Boden stecken zu sehen.

Die Form der Steinach erreicht eine Länge von 12$^1/_3$ cm. Die Wirbel sind stark korrodiert, wenn auch lange nicht so sehr, wie die der von Rossmässler (Iconographie Fig. 72) abgebildeten voigtländischen Stücke. Das Hinterende besitzt eine tiefschwarze, glänzende Epidermis, die dem übrigen, im Boden steckenden Teile der

Schale fehlt und dort von einer matten, braunschwarzen Oberhaut ersetzt wird. Das Perlmutter ist im älteren Teil der Schale rosa, wird nach dem Rande zu bläulich-weiss und ist durch gelb-grüne, ölig glänzende Flecken verunstaltet. Die „eingestochenen Punkte", die gewöhnlich bei der Beschreibung des Perlmutters genannt werden, sind Mantelhaftmuskeleindrücke, deren die Steinach-Form jederseits gegen 10 besitzt. Die Schlosszähne variieren ungeheuer, sodass ihre Form zur Charakterisierung der Muschel nicht herangezogen werden kann.

Die Geschlechtsunterschiede sind in der Schale ziemlich deutlich ausgeprägt. Das Weibchen unterscheidet sich vom Männchen durch geringere Höhe und stärkere Aufgeblasenheit der Schale. Ausserdem ist sein Unterrand in der Mitte stark eingedrückt, wodurch die Umrissform etwas nierenförmiger wird als die der Männchen.

Man findet im Weichkörper ziemlich häufig Perlengebilde, aber nie gelang es mir, eine edle Perle zu entdecken. Die Bildungen sitzen meist nahe dem Rande, also in dem Teile des Mantels, der hauptsächlich Prismenschicht bildet. Die Perlen sind deshalb nie irisierend, sondern braun gefärbt. An der Schale angewachsene Perlbildungen mit Perlenglanz sind dagegen häufig.

Auf die Enstehung der Perlen will ich nicht eingehen, da sie aber häufig mit verschiedenen Parasiten, z. B. *Atax*, in Beziehung gebracht wird, will ich erwähnen, dass ich ausser Gregarinen und holotrichen Infusorien in der Samenflüssigkeit der Männchen, nie einen Parasiten in den Perlmuscheln finden konnte.

Wie schon erwähnt, wurden Margaritanen aus der Steinach in die Ulfenbach bei Hirchhorn eingesetzt. Beide Bäche entspringen in einer Urgesteinsinsel im Buntsandstein, in der Gegend von Oberabtssteinach, beider Unterlauf geht aber durch den Buntsandstein. In dem Unterlauf der Ulfenbach selbst habe ich keine Perlmuscheln nachweisen können, wohl aber in dem davon abgeleiteten Mühlgraben der Andree'schen Mühle bei Hirschhorn. Auch hier bilden Buntsandsteinbrocken den Boden. Von Wasserpflanzen fand ich nur *Ranunculus fluitans*. Die Muscheln sind hier auf eine kaum 1 km lange Strecke verbreitet, kommen aber im oberen Teile des Mühlgrabens häufiger vor als weiter unten. Die Frühjahrsflut reisst tote Schalen mit und führt sie in den Neckar, wo man sie 2 km abwärts von Hirschorn häufig am Ufer findet. Sie werden etwas grösser, als die der Steinach, unterscheiden sich auch durch die Rundung des hinteren Oberrandes in der äusseren Form etwas von ihnen. Sie werden etwas höher, bleiben aber flacher als die Steinachform, auch ist der Geschlechtsunterschied nur sehr undeutlich wahrnehmbar. Das Perlmutter ist etwas reiner, und lässt etwa 15 Mantelhaftmuskeleindrücke jederseits erkennen. Perlen sind hier häufiger und besser ausgebildet. Beim Oeffnen von 30 Muscheln fand ich in jedem zweiten Tier eine Perlenbildung, darunter eine kugelrunde, schön bläulich-weiss irisierende Perle von 7 mm Durchmesser. Halbkugelige Perlen mit herrlich bläulichem Lüstre waren 3mal vertreten.

Dieselbe gallertige Alge lebte auf dem Hinterende, von inneren Parasiten fand ich ausser den erwähnten Protozoen auch hier nichts.

In keinerlei Verbindung mit diesem Fundorte steht ein anderer in dem oberen Lauf der Ulfenbach, in der Gegend von Affolterbach. Diese, in keinen Akten erwähnte Fundstelle wurde von dem Diener des zoologischen Instituts in Heidelberg entdeckt und mir mitgeteilt. Wie schon erwähnt, fliesst der obere Teil der Ulfenbach im Urgebirge. Der Boden des Baches wird in der Gegend von Affolterbach von einem mürben, roten Granit gebildet, der zu einem feinen, sandartigen Grus zermahlen ist. Hier leben auf eine Strecke von gegen 2 km Perlmuscheln in so grosser Zahl, dass auf 1 qm häufig über 50 Stück im Boden stecken. Aber sie unterscheiden sich sehr von den beiden anderen erwähnten Formen. Ich fand kein Stück, dass grösser als 9 1/2 cm war, obwohl die Tiere, wie die anatomische Untersuchung ergab, vollkommen geschlechtsreif, also ausgewachsen, waren. Ihr vom Typus abweichendes Aussehen, das ich gleich noch näher beschreiben werde, veranlasst mich, diese Form der oberen Ulfenbach als Lokalform anzusehen, der ich den Namen *Margaritana margaritifera parvula* gebe.

Die Muschel ist vollkommen oval, ohne jede Einbuchtung des Unterrandes. Die Wirbel liegen bei ung. 1/4 der ganzen Länge. Sie sind wenig korrodiert und kaum vorragend. Das Ligament ist kurz, ziemlich schwach und halb überbaut. Die Epidermis ist hinten, an dem aus dem Boden hervorstehenden Ende glänzend braunschwarz, weiter vorne etwas heller, bis braun. Die Zähne sind schwach entwickelt, in der Gestalt sehr veränderlich. Es lassen sich jedoch 2 Haupttypen unterscheiden, die die Form des Zahnes der rechten Schalenklappe betreffen, der wiederum durch seine Gestalt die Form der Zähne der anderen Schalen bedingt. Der Zahn der rechten Klappe kann lamellenförmig, niedrig, am freien Rande nahezu glatt sein, wodurch das Schloss dem von Unio pictorum ähnlich wird. Andererseits kann er aber schmal, konisch, hoch, oben gekerbt aussehen, was eine Aehnlichkeit mit dem Schloss von Unio batavus bewirkt. Das Perlmutter ist rein, fast ohne Flecken, rosa und am Rande bläulich, bald fast ganz bläulich und zeigt jederseits etwa 25 Mantelhaftmuskeleindrücke, also bedeutend mehr, als die bisher betrachteten Formen. Perlen konnte ich gar nicht nachweisen, selbst an den Schalen waren keine derartigen Bildungen angewachsen.

Die Masse der Margaritana margaritifera parvula sind:
Länge 9,4 cm, Höhe 4,6 cm, Dicke 2,8 cm.

Zum Vergleichen lasse ich die Maasse der beiden anderen Formen des Odenwaldes folgen.

Die Form der unteren Ulfenbach hat:
Länge 13,3 cm, Höhe 6,4 cm, Dicke 3,4 cm.

Die Form der Steinach hat:
a) Männchen: Länge 12,7 cm, Höhe 6 cm, Dicke 3,8 cm.
b) Weibchen: Länge 12,4 cm, Höhe 5,5 cm, Dicke 4,1 cm.

Margaritana margaritifera parvula besitzt im Gegensatz zu den beiden anderen Formen, die mit der erwähnten Gallerte bildenden Alge bewachsen sind, am Hinterende eine ziemlich dicke Schlammkruste, die von den Cyanophyceen Oscillaria und Scytonema, sowie von der Diatomee Navicula durchsetzt ist. Von inneren Parasiten fand ich nur die beiden schon erwähnten Protozoen.

Ob die Form der oberen Ulfenbach von der Steinachform abzuleiten ist, ist schwer zu sagen. Aktenmässig ist nicht festgelegt, dass eine gewollte Uebertragung stattfand. Jedoch ist eine zufällige Verschleppung durch aus der Steinach eingesetzte Forellen oder durch Wasservögel nicht ausgeschlossen, ja beinahe anzunehmen. Gemäss dem veränderten Boden des Baches müssen sich die Muscheln dann in der verhältnismässig kurzen Zeit von höchstens 140 Jahren so stark verändert haben. Ein jetzt noch bestehender Zusammenhang mit der Form der unteren Ulfenbach scheint ausgeschlossen, während die Möglichkeit der Abstammung davon nicht ganz fern liegt. Allerdings sind sich Steinach und Ulfenbach in ihrem oberen Teile näher, als die beiden Fundorte in der Ulfenbach, sodass beide Möglichkeiten zu berücksichtigen sind.

Die anderen Bäche des Odenwalds, die in Main, Rhein und Neckar abfliessen, beherbergen meinen Untersuchungen zufolge, keine Perlmuscheln. Allen Gewässern dieses Gebirges fehlen die Genera *Anodonta* und *Unio* vollkommen, sodass die Najadeen in ihnen nur durch die anspruchslosere *Margaritana* vertreten sind.

www.ingramcontent.com/pod-product-compliance
Lightning Source LLC
Chambersburg PA
CBHW020819230426
43666CB00007B/1050